U0721007

湖

自然百科编委会　编著

中国大百科全书出版社

图书在版编目（CIP）数据

湖 / 自然百科编委会编著 . -- 北京 ： 中国大百科
全书出版社，2025. 1. --（自然百科）. -- ISBN 978-7-
5202-1679-1

Ⅰ . P941.78-49

中国国家版本馆 CIP 数据核字第 2025Z2R338 号

总　策　划：刘　杭　　郭继艳
策划编辑：李秀坤
责任编辑：李秀坤
责任校对：闵　娇
责任印制：王亚青
出版发行：中国大百科全书出版社有限公司
地　　　址：北京市西城区阜成门北大街 17 号
邮政编码：100037
电　　　话：010-88390811
网　　　址：http://www.ecph.com.cn
印　　　刷：唐山富达印务有限公司
开　　　本：710mm×1000mm　1/16
印　　　张：10
字　　　数：100 千字
版　　　次：2025 年 1 月第 1 版
印　　　次：2025 年 1 月第 1 次印刷
书　　　号：ISBN 978-7-5202-1679-1
定　　　价：48.00 元

本书如有印装质量问题，可与出版社联系调换。

———— 总　序

这是一套面向大众、根植于《中国大百科全书》第三版（以下简称百科三版）的百科通俗读物。

百科全书是概要记述人类一切门类知识或某一门类知识的完备的工具书。它的主要作用是供人们随时查检需要的知识和事实资料，还具有扩大读者知识视野和帮助人们系统求知的教育作用，常被誉为"没有围墙的大学"。简而言之，它是回答问题的书，是扩展知识的书。

中国大百科全书出版社从 1978 年起，陆续编纂出版了《中国大百科全书》第一版、第二版和第三版。这是我国科学文化建设的一项重要基础性、标志性、创新性工程，是在百年未有之大变局和中华民族伟大复兴全局的大背景下，提升我国文化软实力、提高中华文化国际影响力的一项重要举措，具有重大的现实意义和深远的历史意义。

百科三版的编纂工作经国务院立项，得到国家各有关部门、全国科学文化研究机构、学术团体、高等院校的大力支持，专家、学者 5 万余人参与编纂，代表了各学科最高的专业水平。专家、作者和编辑人员殚精竭虑，按照习近平总书记的要求，努力将百科三版建设成有中国特色、有国际影响力的权威知识宝库。截至 2023 年底，百科三版通过网站（www.zgbk.com）发布了 50 余万个网络版条目，并陆续出版了一批纸质版学科卷百科全书，将中国的百科全书事业推向了一个新的高度。

重文修武，耕读传家，是我们中国人悠久的文化传承。作为出版人，我们以传播科学文化知识为己任，希望通过出版更多优秀的出版物来落实总书记的要求——推动文化繁荣、建设中华民族现代文明，努力建设中国式现代化强国。

为了更好地向大众普及科学文化知识，我们从《中国大百科全书》第三版中选取一些条目，通过"人居环境""科学通识""地球知识""工艺美术""动物百科""植物百科""渔猎文明""交通百科"等主题结集成册，精心策划了这套大众版图书。其中每一个主题包含不同数量的分册，不仅保持条目的科学性、知识性、准确性、严谨性，而且具备趣味性、可读性，语言风格和内容深度上更适合非专业读者，希望读者在领略丰富多彩的各领域知识之时，也能了解到书中展示的科学的知识体系。

衷心希望广大读者喜爱这套丛书，并敬请对书中不足之处给予批评指正！

《中国大百科全书》编辑部

"自然百科"丛书序

在浩瀚的宇宙中，我们人类不过是一粒微尘，然而正是这粒微尘却拥有探索宇宙、理解自然、感悟生命的渴望。"自然百科"丛书旨在成为连接人类与自然万物的桥梁，通过《恒星》《太阳系》《山》《岩石》《矿物》《荒漠》《土壤》《湖》八个分册，带领读者踏上一段从宇宙深处到地球家园的多彩旅程。

《恒星》分册，我们从恒星形成讲起，它们不仅是夜空中闪烁的光点，更是宇宙历史的见证者。人类对恒星的观察和研究，不仅推动了天文学的发展，也让我们对宇宙有了更深的认识。

《太阳系》分册，我们将目光转向我们所在的太阳系，从太阳的炽热核心到遥远的柯伊伯带，探索八大行星的奥秘，以及那些无数的小天体。太阳系的研究，让我们对宇宙有了更深的理解，也让我们意识到在宇宙中，我们并不孤单。

《山》分册，我们回到地球，探索那些巍峨的山峰。它们塑造了地形，影响了气候，孕育了生物多样性。山与人类文明的发展紧密相连，无论是作为屏障还是通道，它们都是人类历史的重要组成部分。

《岩石》分册，我们深入地壳，了解构成地球的基石——岩石。岩石的种类、形成过程及它们在地质学中的作用，都是我们理解地球历史的关键。岩石是地球历史的记录者，它们见证了地球的变迁和生命的演化。

《矿物》分册，我们进一步探索岩石中的宝藏——矿物。矿物不仅是工业的原材料，也是自然界的艺术品。它们的独特性质和美丽形态，激发了人类对自然美的欣赏和对科学探索的热情。

《荒漠》分册，我们转向那些看似荒凉的荒漠。荒漠并非生命的禁区，而是适应极端环境生物的家园。荒漠的研究，让我们认识到地球生命的顽强和多样性，也提醒我们保护环境的重要性。

《土壤》分册，我们深入地球的皮肤——土壤。土壤能不断地供给植物所需的水分和养分，是农业生产的基本资料，是人类生存不可或缺的自然资源。对土壤的研究，让我们认识到土壤健康以及保护土壤的重要性。

《湖》分册，我们聚焦于那些静谧的湖泊。湖泊不仅是水资源的宝库，也是生态系统的重要组成部分。湖泊的研究以及它们对人类社会的影响，是我们理解地球水循环和保护水资源的关键。

"自然百科"丛书不仅是知识的汇集，也是启发思考的源泉。它帮助我们认识到，从宇宙到地球，每一个自然事物都与我们息息相关。通过这些知识，我们可以更好地理解我们所处的世界，更加珍惜和保护我们的自然环境。让我们翻开这些书页，一起探索、学习、感悟，与自然和谐共生。

自然百科丛书编委会

目　录

序

湖泊

在地球内、外力相互作用下形成的，湖盆、湖水、水中所含物质（矿物质、溶解质、有机质及水生生物等）所组成的自然综合体。湖水的来源主要是降水、地面径流、地下水，有的则来自冰雪融水。湖水的消耗主要是蒸发、渗漏、排泄和开发利用。湖泊是地表水的重要组成部分，具有调节河流径流和局地气候的作用，湖泊也是人类宝贵的自然资源，可为人类提供水源和水产品，还具有旅游、发电、水上运输、涵养湿地、防洪等功能。所有湖泊都会经历从产生、发育到萎缩的过程。每个湖泊的产生都伴随着一个生物群落建立和演替的过程。湖泊会迅速发育并达到营养平衡的状态，也会随着气候或其他物理因素的变化缓慢改变。湖泊在不同地方的称呼也不同，常见的有：湖（太湖）、池（滇池）、荡（元荡）、漾（长漾）、泡（月亮泡）、海（洱海）、错（纳木错）、淀（白洋淀）、潭（日月潭）、泊（罗布泊）、塘（大苇塘）等。水库属于人工湖的范畴。

◆ **分类**

湖泊分类多种多样，按成因可分为构造湖、火山口湖、冰川湖、堰塞湖、喀斯特湖、河成湖、风成湖、海成湖和人工湖（水库）等。中国的湖泊按成因有河迹湖（如湖北境内长江沿岸的湖泊）、海迹湖（即瀉湖，如西湖）、溶蚀湖（如云贵高原区石灰岩溶蚀所形成的湖泊）、冰蚀湖（如青藏高原区的一些湖泊）、构造湖（如青海湖、鄱阳湖、洞庭湖、滇池等）、火口湖｛如长白山天池（白头山天池）｝、堰塞湖（如镜泊湖）等。依据湖水含盐量或矿化度的多少，将湖泊划分为六种类型：①淡水湖。湖水矿化度小于或等于 1 克 / 升。②微（半）咸水湖。湖水矿化度大于 1 克 / 升，小于 35 克 / 升。③咸水湖。湖水矿化度大于或等于 1 克 / 升，小于 50 克 / 升。④盐湖或卤水湖。湖水矿化度等于或大于 50 克 / 升。⑤干盐湖。没有湖表卤水，而有湖表盐类沉积的湖泊，湖表往往形成坚硬的盐壳。⑥砂下湖。湖表面被砂或黏土粉砂覆盖的盐湖。

此外，按照湖水与径流的关系把湖泊分为内陆湖和外流湖。按照湖水来源把湖泊分为海迹湖和陆面湖。按湖水温度把湖泊分为热带湖、温带湖和极地湖等。以湖水存在的时间久暂，湖泊可分为间歇湖和常年湖。

◆ **分布**

世界各大陆均有湖泊分布，空间分布不均，比较集中的地区有中国、美国北部、加拿大、芬兰和瑞典等。中国湖泊众多，全国现有大于 1.0 平方千米的天然湖泊 2670 个，总面积为 80664 平方千米。由于地域辽阔，自然环境区域分异明显，中国的湖泊特征呈现出显著的区域性差异。根据自然环境的差异、湖泊资源开发利用和湖泊环境整治的区域特色，将中国湖泊划分为东部平原地区、蒙新高原地区、云贵高原地区、青藏高原地区和东北平原地区与山区 5 个自然分区。

东部平原地区湖泊主要指分布于长江及淮河中下游、黄河及海河下游和大运河沿岸的大小湖泊，面积 1.0 平方千米以上的湖泊 561 个，合计面积 18839 平方千米，其中面积 10.0 平方千米以上的湖泊 108 个，合计面积 17450 平方千米；中国著名的五大淡水湖——鄱阳湖、洞庭湖、太湖、洪泽湖和巢湖位于本区，是中国湖泊分布密度最大的地区之一。蒙新高原地区湖泊面积 1.0 平方千米以上的湖泊 549 个，合计面积 10933 平方千米，其中面积 10.0 平方千米以上的湖泊 71 个，合计面积 9694 平方千米。云贵高原地区湖泊面积 1.0 平方千米以上的湖泊 63 个，合计面积 1172 平方千米，其中面积 10.0 平方千米以上的湖泊 12 个，合计面积 1062 平方千米。青藏高原地区是地球上海拔最高、数量最多、面积最大的高原湖群区，也是中国湖泊分布密度最大的湖群区之一；面积 1.0 平方千米以上的湖泊 1196 个，合计面积 46118 平方千米，其中面积 10.0 平方千米以上的湖泊 401 个，合计面积 43746 平方千米。东北平原地区与山区湖泊面积 1.0 平方千米以上的湖泊 301 个，合计面积 3602 平方千米，其中面积 10.0 平方千米以上的湖泊 38 个，合计面积 2869 平方千米。

◆ 资源

湖泊资源指赋存在湖泊自然综合体内各类资源的总称，涵盖水资源、生物资源、滩地资源、矿产资源、热量资源和环境资源等诸多类型。湖泊能调节河川径流、防洪减灾、提高环境质量；湖水可用于灌溉、航运、发电、提供工农业生产以及饮用水源。湖泊盛产鱼、虾、蟹、贝，生产莲、藕、菱、芡和芦苇等，是水产和轻工业原料的重要来源。众多盐湖赋存丰富的石盐、天然碱、芒硝等盐类资源，以及硼、锂、钾等贵重和稀有矿产资源。湖泊风光优美，景色宜人，发展旅游得天独厚。

◆ 演变

湖泊一旦形成，就受到外部自然因素和内部各种过程的持续作用而不断演变。入湖河流携带的大量泥沙和生物残骸年复一年在湖内沉积，湖盆逐渐淤浅，变成陆地，或随着沿岸带水生植物的发展，逐渐变成沼泽。干燥气候条件下的内陆湖由于气候变异，冰雪融水减少，地下水水位下降等，补给水量不足以补偿蒸发损耗，往往引起湖面退缩干涸，或盐类物质在湖盆内积聚浓缩，湖水日益盐化，最终变成干盐湖。某些湖泊因出口下切，湖水流出而干涸。此外，由于地壳升降运动，气候变迁和形成湖泊的其他因素的变化，湖泊会经历缩小和扩大的反复过程，不论湖泊的自然演变通过哪种方式，结果终将消亡。

◆ 面临问题

同一湖泊中赋存的水资源、生物资源、滩地资源等彼此互为条件、相互影响和制约，因此对于任何一种资源类型的开发利用都必将"牵一发而动全身"。面临的问题和挑战主要有：①湖泊水利与渔业之间的矛盾突出。②湖区农业、渔业、水利之间的矛盾较多。③围垦、水工建筑、酷渔滥捕、放牧、割草等人为活动，使湖泊生物种类减少，生物多样性受到干扰破坏。④湖泊污染及富营养化严重。⑤内陆干旱、半干旱地区的湖泊，湖面萎缩，生态环境恶化。⑥一些盐湖矿产资源开采，生产无序，综合利用程度低，矿床和湖区环境受到破坏。

第 1 章

湖泊类型

冰川湖

冰川湖是冰川挖蚀作用形成的洼坑和冰碛物堵塞冰川槽谷积水而形成的湖。按照塑造作用和形成的位置可分为三种：冰斗湖、冰蚀洼地湖（侵蚀成因）和冰川堰塞湖（堆积成因）。

冰斗湖

冰斗湖是冰川湖的一种类型。从天空降落的雪和从山坡上滑下的雪，容易在冰雪平衡线附近地形低洼的地方聚集起来，经过一系列过程，变成浅蓝色的冰川冰。巨厚的冰川冰在本身压力和重力的联合作用下发生塑性流动，同时对积雪洼地及其边缘有巨大的刨蚀作用，原来的积雪洼地逐渐被侵蚀成呈围椅状、底平、下凹的岩盆形态，三面是陡峻的岩壁，向下坡的一面有一个开口，开口处常有一个高起的反向岩坎，这种地形叫作冰斗。冰斗大多发育在雪线附近的高程上。当冰川消失之后，这样的古冰斗就会积水形成冰斗湖。

冰蚀洼地湖

冰蚀洼地湖是冰川湖的一种类型。冰川越过冰斗出口，蜿蜒而下向山谷低处流动，形成冰川谷和长短不一的冰舌。冰川流动时，在重力作用下，冰川对山谷的侧面和底部存在多种侵蚀方式，主要通过拔蚀作用和磨蚀作用这两种对山谷基岩的机械侵蚀作用，并形成冰蚀洼地，使得从粒径细小的黏粒到体积巨大、重量过万吨的漂砾经过冰川底部（称底碛）、内部（称内碛）和表面（称表碛）向下输送，并在冰川两侧和末端停积，分别称为侧碛垄和终碛垄。当冰川后退时，冰蚀洼地积水可形成冰蚀洼地湖，例如中国四川勒西措和西藏拉姆拉错。

冰川堰塞湖

冰川堰塞湖是冰川湖的一种类型。古冰川切割出的冰川谷，如果受各种原因被堰塞——例如塌方、滑坡，或者冰川自身携带的碎屑形成侧碛垄和终碛垄，阻塞冰川融水而形成的湖泊称为冰川堰塞湖。例如著名的西藏昌都然乌湖和林芝巴松错就是由于塌方和滑坡阻塞冰川谷而形成，新疆喀纳斯湖则是由终碛垄堰塞河谷而形成。

淡水湖

淡水湖是水体含盐量在 1 克 / 升以下的湖泊。淡水湖大多数为外流湖，通常有多条河川流入、流出，湖水交换频繁，湖泊水位相对稳定。

世界上大多数湖泊皆为淡水湖泊，较为集中分布在北半球较高纬度区，例如加拿大和芬兰都是淡水湖泊集中的国家。蓄水量最大的淡水湖是位于俄罗斯的贝加尔湖，水体总容积 2.36×10^{13} 立方米，蕴藏着地球全部淡水量的约 20%，相当于北美洲五大湖水量的总和，超过整个波罗的海的水量，也为世界第七大湖和世界最深湖泊，最深处达 1637 米，平均水深 730 米。位于北美的苏必利尔湖是世界第一大淡水湖和第二大湖，面积 82410 平方千米。中国淡水湖泊主要分布在长江流域，其中五大淡水湖鄱阳湖、洞庭湖、太湖、洪泽湖及巢湖主要分布在这一区域。中国最大的淡水湖鄱阳湖位于江西境内，面积 3960 平方千米，湖泊与长江相连，水位的变化受长江影响，尤其是丰水期与枯水期的水位差异大，湖泊面积年内变幅也大，为有"洪水一大片，枯水一条线"之称的典型吞吐型湖泊。干旱区中新疆地区的喀纳斯湖主要由冰川融水和山地降水补给，为淡水湖泊，湖水矿化度 0.04 克/升，最大水深 197 米，平均水深 97 米，蓄水量 4.3×10^9 立方米。

风成湖

风成湖是因沙漠中沙丘间的洼地低于潜水面，经四周沙丘汇集洼地而形成的湖泊。风成湖泊一般面积小，湖水浅、湖底平、无出口、不流动、形式多变、蒸发强、含盐高，常是冬春积水，夏季干涸或成为草地。这类湖盆主要出现于干旱地区。由于沙丘随定向风的不断移动，湖泊常被沙丘掩埋而成地下湖。常见的有两种类型的湖泊：①由风的侵蚀作用形成的风蚀盆地。②由风成砂或风成黄土围堵而成的湖泊。由于其变幻莫测，常被称为神出鬼没的湖泊。中国内蒙古的伊和扎格德海子、甘肃敦煌月牙湖、非洲摩纳哥东部高地的"鬼湖"都属于风成湖。

中国甘肃敦煌月牙湖

干盐湖

由于湖面蒸发作用，盐类矿物在湖盆底部淀积，湖底直接被各种结晶盐类所覆盖，湖水赋存于各种盐类矿物的晶隙，这样就形成干盐湖。干盐湖的湖盆多为浅平，整个湖面为白色的结晶盐类所覆盖，犹如银装素裹，耀眼夺目。而有的盐湖表面长期受风沙侵蚀的影响，盐类和泥沙混杂，凝结成褐色盐盖，其下才是雪白晶莹的盐粒。干盐湖湖底旱季坚硬雨季软滑，只有在雨季才有暂时性的表面卤水。裸露地表的干盐滩由于久晒和强烈蒸发，地下卤水析盐膨胀使得湖底表层龟裂，形成巨大的盐壳。随着气候的暖干化，干旱半干旱地区盐湖干涸趋势加快，中国青海省的察尔汗盐湖群中的一些湖泊及新疆著名的罗布泊皆为干盐湖。罗布泊位于新疆天山南侧的塔里木盆地东部，是一个新生代构造拗陷湖盆，塔里木河、孔雀河等河流曾经流入湖泊，形成巨大的水体，湖面海拔 780 米左右，1942 年，湖水面积曾经达 3000 平方千米，曾是仅次于青海湖的中国第二大咸水湖。由于气候及人类水利工程等影响，在 20 世纪中后期因塔里木河等入湖河流的流量减少，流域沙漠化加剧，湖泊收缩湖水快速盐化，至 1970 年后由于入湖河流断流，湖泊干涸，成为干盐湖。湖泊干涸后，其形状宛如人耳，被誉为"地球之耳"。罗布泊干盐湖表层和底层含有丰富的晶间卤水和层间卤水，湖底表层晶间卤水矿化度高达 372 克/升，水化学类型为硫酸镁亚型，该亚型的富钾卤水使罗布泊成为中国重要的钾肥生产基地。

构造湖

　　构造湖是在地壳运动的内力作用，包括构造运动所产生的地壳断陷、坳陷和沉陷等所形成的各种构造凹地（向斜凹地、地堑及其他断裂凹地等）基础上积水而成的湖泊。构造湖具有十分鲜明的形态特征：①坡陡。湖岸陡峭且沿构造线发育，比较平直。②水深。湖水一般都很深。③湖泊平面形态比较简单。长度大于宽度，呈长条形。④面积较大。但因构造湖所处的发育阶段不同以及构造运动性质的差异，反映在湖泊形态方面的特征也就不甚一致。

　　按发育阶段和构造运动性质的差异可分为：①断陷湖或地堑湖。断层陷落形成的湖盆积水而成，具有十分鲜明的形态特征，湖岸陡峭且沿构造线发育，比较平直；湖水一般都很深；湖泊平面形态比较简单，呈长条形；面积较大。同时，还经常出现一串依构造线排列的构造湖群。云贵高原是断陷湖泊最发育、形态最典型的地区，例如抚仙湖、泸沽湖、程海和洱海等。此外，在青藏高原和柴达木盆地等地的断裂构造带也有分布，例如纳木错、青海湖、当惹雍错、扎陵湖和鄂陵湖等。②坳陷湖。向斜坳陷或地壳缓慢下降形成和向斜凹地积水而成的湖泊。这类湖泊面积较大，形态比较多样，数量较多。例如太湖、洞庭湖和鄱阳湖等。但是，因为这些湖泊没有新构造运动持续下沉的背景，反映在湖泊形态方面的特征与断陷湖有较大差异。

海成湖

海成湖是海岸带变迁过程中，由于泥沙的沉积而将海湾与海洋分隔而成的湖泊，又称潟湖。海成湖（潟湖）是由靠近陆地的浅水海域被沙嘴、沙坝、珊瑚礁封闭或接近封闭而形成。海成湖地处海陆相交的特殊地带，受河流和海水的共同影响，因而在水文特征和沉积作用上都具有特殊性。中国低平原海岸，历史时期也曾有过由堤岛阻隔而成的潟湖，后因河流带来丰富的泥沙，使海岸推展，只留有潟湖残迹，或已转化为淡水湖。如台湾高雄港、渤海湾西部的南大港、北大港，苏北平原的射阳湖，长江三角洲上的太湖，宁波东钱湖、杭州的西湖等。约在数千年前，杭州的西湖还是与钱塘江相连的一片浅海海湾，以后由于海潮和河流挟带的泥沙不断在湾口附近沉积，使海湾与海洋完全分离，海水经逐渐淡化才形成西湖。有部分学者认为太湖及其周围的湖群也曾是个古潟湖。大约在6000年以前，出现的高海面曾抵达今日太湖平原以西的山麓。随后由于长江泥沙的沉积以及沿岸流、波浪和合成风向等的作用，造成了长江南岸沙咀和杭州湾北岸沙咀作钳形合抱，因而围成了古太湖。

河成湖

　　河成湖是受地形起伏和水量丰枯等影响，河道迁徙所形成的多种类型的湖。河成湖（包括牛轭湖）的形成往往与河流的发育和河道变迁有着密切关系，且主要分布在平原地区。这类湖泊一般岸线曲折，湖底浅平，水深较浅。中国河成湖类型甚多，主要有以下五种类型：①由于河流挟带的泥沙在泛滥平原上堆积不匀，造成天然堤之间的洼地积水成为湖泊。如湖北省长江与汉水的湖群（如洪湖），河北省的洼淀湖群（如白洋淀），多属此类湖泊。②支流水系因泥沙淤塞不能排入干流并与干流隔断，支流产水而形成长条形的湖泊，如安徽省境内淮河流域的城东湖和城西湖就是 19 世纪三四十年代受堵而形成的。③支流水系的水流因受干道水流的顶托而宣泄不畅，甚至干流水还倒灌入支流，使支流下游平原因洪水泛滥而形成湖泊，如江西省的鄱阳湖、湖南洞庭湖。④洪水泛滥时，河水侵入两岸高地间的低洼地，并形成河湾，在湾口处沉积了大量的泥沙，洪水退后形成堰堤湖，如湖北省武汉市武昌区的鲁湖。⑤牛轭湖也是一种河成湖，以其平面形态独特而备受关注。在平原地区流淌的河流，河曲发育，随着流水对河面的冲刷与侵蚀，河流愈来愈曲，最后导致河流自然截弯取直，河水由取直部位径直流去，原来弯曲的河道被废弃，形成湖泊。因这种湖泊的形状恰似牛轭，故称之为牛轭湖。如中国湖北的尺八口和原有的白露湖及排湖，内蒙古的乌梁素海皆为著名的牛轭湖。乌梁素海在内蒙古巴彦淖尔市乌拉特前旗东北 8.5 千米处。是典型的河迹牛轭湖，其成因与黄河改道和河套平原发展农业灌溉关系密切相关。

火山口湖

火山口湖是火山停止喷发后，火山口所在的漏斗状洼地，经积水而形成的湖泊。火山口湖的湖水主要来源于降水或地下水，也存在从地下的岩浆中分离出的水。火山口湖形状独特，景色俊美，远远望去是锥形山体，湖泊周围一般为高峻的山峰环绕，湖岸陡峭，湖泊深度较大，湖区伴随着众多的温泉，是具有较高的生态和旅游功能的宝贵自然资源。中国火山口湖分布范围较广。长白山主峰上的长白山天池（白头山天池），就是一个典型的火山口湖。此外，内蒙古和黑龙江交界的阿尔山火山群、吉林龙岗火山群、雷州半岛火山群、云南腾冲火山群等地均有火山口湖分布，例如阿尔山天池、小龙湾和四海龙湾玛珥湖、湖光岩玛珥湖、腾冲青海等湖泊。

内流湖

内流湖是湖水不会直接或间接经由水道（河流）注入海洋，处在内流水系中的湖泊。世界上比较著名的内流湖有亚洲的死海、咸海和巴尔喀什湖，北美洲的大盐湖，非洲的乍得湖和大洋洲的艾尔湖。中国比较著名的内流湖有青海省的青海湖，新疆的博斯腾湖、乌伦古湖和罗布泊（已干涸），西藏的纳木错和色林错等。中国内流湖主要分布于大兴安岭—阴山—贺兰山—祁连山—昆仑山—唐古拉山—冈底斯山一线西北干旱区的蒙新高原和青藏高原湖区，湖泊多数位于河川尾闾，湖水均不外泄通海。湖区通常降水稀少，气候干燥，蒸发旺盛。这类湖泊的水量平衡特点是：补给主要靠内流河、湖面降水、冰雪融水、泉水或地下水；损耗主要是湖面蒸发与渗漏。大部分内流湖由于水量补给少但蒸发强烈，致使湖水逐渐浓缩，形成咸水湖或盐湖。例如中国面积最大的湖泊——青海湖为咸水湖，察尔汗盐湖（青海柴达木盆地）是中国最大的盐湖。少数内流湖有河流排泄，入湖与出湖水量基本平衡，故为淡水湖，例如新疆博斯腾湖，开都河河水注入博斯腾湖后，经孔雀河排入下游。由于农垦引水灌溉，开都河入湖水量锐减，博斯腾湖湖水的平均矿化度已超过 1 克 / 升，已转变成微咸水湖。常与"内流湖"相混淆的一个词是"内陆湖"。内陆湖一词是为了强调该湖深居内陆，远离海洋。严格来说，内陆湖这个说法并不科学，因为除去与海连通的潟湖，所有的湖都隐含"内陆"这个无需标记的含义。

浅水湖

　　浅水湖在中国一般界定为水深小于 10 米的湖泊。国际上一般界定水深 18 米以下的湖泊。浅水湖和深水湖没有严格的界限，只要水体充分混合，水温在整个深度上相对均匀，无明显分层的湖泊都可认为是浅水湖。只有因研究需要，才界定典型的浅水湖，大多数湖泊介于浅水和深水之间。中国大部分湖泊属于浅水湖，五大淡水湖（鄱阳湖、洞庭湖、太湖、洪泽湖、巢湖）都属于浅水湖。

　　多位于流域低洼地带，接受来自流域上游的营养物质，是极易发生富营养化的水体之一。这类水体一般大而浅，世界上35%的大湖（面积大于500平方千米）平均深度小于5米，这类湖泊受风应力的影响强烈，且有独特的内部营养物质循环特征。

风浪、水流和湖面波动使得水体上下层充分混合，浅水湖的表水层和均温层热量充分交换或表水层完全取代均温层，湖水常年都是相对均匀混合的，即使在白天发生分层，夜晚又会恢复到均匀状态。

浅水湖水体与沉积床之间经常发生显著的物理、化学和生物过程的相互作用。营养物质交换扩散频繁，沉积较为缓慢；而且容易受风浪侵蚀，引起沉积物再悬浮，导致水体透明度、悬浮物和营养物质的变化。由于营养物质的内部循环，浅水湖对外部营养物负荷减少反应不显著，这是由于湖泊沉积床在湖水富营养化的过程中逐渐积聚更多营养物质，当外部营养物负荷减少时，高度富营养化的沉积物可以使湖水长时间维持富营养化，延迟水质的恢复。

受外部或内部强迫驱动，浅的富营养化湖泊可以表现出两种截然不同的状态：藻类占优势的浑浊态和水生维管束植物为主体的清水态。受强风、水位的剧烈变化或外部营养负荷激增等影响，浅水湖会由清澈转为浑浊；相反，随着营养盐减少和水位等变化，湖水也可以由浑浊转为清澈。

浅水湖比其他湖泊更多产。浅水湖混合较好，使得营养物质保持悬浮状态且易于被藻类吸收，内部的磷负荷是浅水湖的一个严重威胁，因此，浅水湖很容易发生富营养化。浅水湖一般也生长大面积水生维管束植物。

人工湖

　　人工湖是人们有计划、有目的地挖掘或筑坝而形成的一种湖泊。是非自然环境下产生的，包括水库和景观湖。又称人工湖泊或水库。和天然湖泊不同，"人工湖泊"体现了人类利用和改造自然的智慧。水库是随着人类为解决水患和蓄水备用而出现和发展起来的。远在 4000 多年前古埃及和美索不达米亚人民为了防止洪水泛滥和灌溉土地的需要，开始兴建世界上第一批水库。中国则在公元前 6 世纪就修筑了芍陂灌溉工程。据统计，20 世纪 60 年代以来，世界各国修建的大型水库（大于 0.1 立方千米）超过了 6 万座，库容达 5.5 万亿立方米，水面面积超过 35 万平方千米，截留了大于 14% 的全球径流量。中华人民共和国成立之初，修建了第一座以防洪、供水为主要目标的综合性工程——官厅水库。到 1950 年底，中国已建成各类水库 86852 座，总库容占全国天然湖泊贮水量的 59%，接近淡水湖泊贮水量的 2 倍。举世闻名的长江三峡水库坝高达 185 米，总容库 393 亿立方米，为总面积达 1084 平方千米的人工湖泊。三峡水电站装机容量 2250 万千瓦，年发电量约 900 亿度，堪称世界之最。若根据水面面积定义水库大小，最大的是非洲加纳的沃尔特水库，面积 8480 平方千米。超大型的水库也可能对当地及下游的生态环境造成负面影响，如水土流失、藻类水华等问题。以景观等为目的建造的小型人工湖，称为景观湖，例如北京大学的未名湖。

深水湖

深水湖与浅水湖之间没有严格的界定，通常认为水深超过 20 米的湖泊为深水湖。水深较大的湖泊绝大部分是因为火山喷发或地质构造运动所产生的断陷、拗陷、沉陷等形成的，如美国俄勒冈州西南部的火山口湖和日本本州岛中西部的琵琶湖。另外有一小部分深水湖是由冰川挖蚀形成的洼坑和冰碛物堵塞冰川槽谷积水而成，如北美的五大湖和加拿大的大奴湖。世界上水深超过 400 米的湖泊大约有 20 个，而水深超过 1000 米的湖泊只有两个，其中最深的是位于中西伯利亚高原南部的贝加尔湖，最大水深 1620 米，平均水深 740 米；其次是位于非洲中部的坦噶尼喀湖，最大水深 1470 米，平均水深 570 米。在中国，深水湖多数分布于西部高原地带，如抚仙湖、纳木错、阿克库勒等。而中国第一深湖则是位于吉林长白山主峰上的长白山天池（中朝界湖），最大水深 373 米，平均水深 204 米。该湖是经过数次熔岩喷发而形成的典型的火山口湖。

深水湖通常具有稳定的温度层结构。在温带地区，当湖泊出现热力分层时，存在 3 个垂直分层：①表水层。是一个分层湖泊的上部温暖区域，该区域的水是湖水中密度最小的。由于风力的作用，表水层的水至少在一天中某段时间能够充分混合，形成一个近似均匀的温度区域。表水层与空气相通并且极易发生波动。②温跃层。是表层暖水向底层冷水过度的中间层。这层温度随深度的递减率（或梯度）是最大的。温跃层的存在限制了由湖面风或湖底摩擦引起的湍流动能的垂直交换。③均温层。从温跃层下面一直延伸到湖泊的底部，该层的水温稳步下降且较表层水温低很多。均温层与大气隔绝，基本不受风混合作用的干扰。由于缺少光照，该层的大多数植物无法进行光合作用。温跃层的密度梯度起到一个物理屏障的作用，在夏季阻挡了表层水与均温层水的垂直混合。

湖泊的分层结构随季节变化。受冬季低温、大风和弱太阳辐射等气象条件的影响，湖水在冬末从表层到底层充分混合。从春季开始，湖水出现热力分层并至夏末达到顶峰。表层水温从夏末开始逐渐下降，经过一个冬天，最终湖泊上下层水温达到一致。

通江湖

通江湖是直接或间接与长江相通的湖泊。长江中下游的附属湖泊数以千计，历史上均与长江自然连通，是鱼类优良的繁殖、肥育场所，这些湖泊与长江中下游的干、支流共同构成一个完整的江湖复合生态系统。1950～1970年，长江中下游沿江地区大兴水利建设，绝大多数湖泊的通江水道均建有闸坝。21世纪，仍保持着与长江自然连通状态的湖泊只有鄱阳湖、洞庭湖和石臼湖。从渔业的角度，江湖之间建闸阻隔了鱼类的洄游通道，这些湖泊称为阻隔湖泊。但从水利学的角度，闸坝并没有完全隔断江湖之间水的交换，故这些湖泊仍可称之为通江湖泊。通江湖泊主要是在构造断陷的基础上，由河流泥沙淤塞古河道，或者是河流或河海冲淤而形成的结果，其水文状况、泥沙运移和沉积易受到长江的影响，有其特殊的变化规律。此外，通江湖泊的水情也与长江关系密切，具有非常强烈的季节性变化特征，对长江有"江涨湖蓄"的作用，每当洪水来临时，经过这些湖泊的吞吐调蓄，可削减干流洪峰，减少洪水量，使下游洪峰时间滞后，大为缓解洪水过大与长江中下游河槽泄洪能力不足的矛盾，对中下游平原的防洪起到十分关键的作用。

外流湖

外流湖是有湖水以地表径流形式注入海洋，参与海陆间水文循环的湖泊。外流湖也称为雨源型湖泊，多位于气候温和湿润，降水量大于蒸发量的外流区。因此，这类湖泊水位年内变化明显受降水控制，最高水位多出现在雨季，最低水位多出现在少雨或引用湖水最多的季节。由于湖泊多发育在降水丰沛地区，因此世界上大部分湖泊是外流湖。受降水量空间分布的影响，中国的外流湖主要分布于东北、华东、华南和西南地区。主要指大兴安岭—阴山—贺兰山—祁连山—昆仑山—唐古拉山—冈底斯山一线东南的外流湖区，如镜泊湖、白洋淀、鄱阳湖、洞庭湖、鄂陵湖和滇池等。

由于具有雨源型湖泊的特点，外流湖对自然环境和人类社会具有重要意义。外流湖一个重要功能是调节河川径流，显著削减和滞后河川汛期入湖洪峰量，使得湖泊下游河川水位和流量年内变化更平稳，降低发生洪水灾害风险。此外，相对于内流湖，因具有换水周期短、矿化度低（也有咸水型的外流湖，例如里海）以及与人类社会联系密切的特点，外流湖既是一种具有更高水生态服务价值的水体，也是一类更易发生生态环境问题的水体。

受地质地貌、气候变化和人类活动等因素影响，外流湖和内流湖可以相互转变。例如，中国的青海湖在地质历史时期是黄河水系的"过境湖"，是一个外流湖，后受地质构造运动影响而转变为内流湖。美国魔鬼湖历史上是内流湖，在中世纪才转变为外流湖。位于亚欧大陆内部的里海原本是内流湖，后由于人工运河的开凿而间接成为外流湖。

咸水湖

咸水湖是水体含盐量在 1 ～ 35 克 / 升的湖泊。咸水湖的形成原因主要有两种：一种是内陆河流的终点，由于这些湖泊都处于内陆地区，湖泊无出水通道，而且因气候干燥，蒸发量大，经流域径流携带入湖的矿物质在湖泊中被浓缩，湖水含盐量便愈来愈高，湖水咸化，成为咸水湖，故多形成于干燥的内流区，中国境内的咸水湖有青海湖、赛里木湖、纳木错等。另一种是古代海洋的遗迹，比如里海是海迹湖，是古地中海遗留在内陆的水域。另外，如巴尔喀什湖，由于湖泊形状狭长，并且中间被向北突出的半岛阻挡，使得东西两部分的湖水交流不畅，导致西半部是淡水，而东半部是咸水。

咸水湖地理分布范围广，规模级差大，面积最大的是里海，3.7 万平方千米，里海南北长约 1200 千米，是世界最长及唯一长度在千公里以上的湖泊，大小与中国渤海和黄海两者总面积相当，规模是全世界湖泊总面积的 14%。世界最深的咸水湖是吉尔吉斯斯坦境内的伊塞克湖，最大水深 668 米，面积 6230 平方千米，它们都位于亚洲内陆地区。中国的咸水湖也主要分布在西部内陆地区，且在数量上也多于淡水湖。其中最大、最著名的是青海湖，位于青海省东北部的共和盆地内，是中国面积最大的内陆湖泊，湖泊面积约 4321 平方千米，最深处达 31.4 米，湖水位海拔 3193 米；最深的咸水湖泊为赛里木湖，最深 102 米，面积 468 平方千米，湖水位高程 2073 米。它们都位于河流的末端，湖水损耗主要通过湖面蒸发，没有出水口。

岩溶湖

岩溶湖是由碳酸盐类地层经流水的长期溶蚀所产生的岩溶洼地、岩溶漏斗或落水洞等被堵，经汇水而形成的一类湖泊。岩溶湖泊排列无一定方向，形状一般呈圆形或椭圆形，有时也可呈长条形。岩溶湖出现在坍塌的下陷地质结构中，通常面积较小，湖水较浅。岩溶湖可分为地表岩溶湖及地下岩溶湖两种类型。地表岩溶湖又有长期性湖泊及暂时性湖泊两种。前者形成于岩溶发育晚期，在溶蚀平原上处于经常性稳定水位以下的湖泊，这种湖泊终年积水；后者形成于溶蚀洼地上，由于黏土质淤塞而成的湖泊。地下岩溶湖处于经常性稳定水位以下的较大溶洞中。中国岩溶湖主要分布在岩溶地貌较发育的贵州、广西和云南等省（自治区）。例如贵州省威宁的草海，它是上新世（距今约 400 万年）以来，在威宁弧形背斜轴部发育起来的中国湖面面积最大的构造岩溶洞，素有"高原明珠"之称。此外，巴东水流坪湖是湖北最大的高山岩溶湖。华蓥山国家地质公园的天池湖为四川省最大的构造岩溶湖。

盐 湖

盐湖为干旱地区含盐度很高的湖泊，水体矿化度大于 35 克 / 升。按盐湖卤水水化学成分分类可分为碳酸盐类型、硫酸盐类型和氯化物类型。盐湖富集有多种盐类，是重要的矿产资源，含盐类矿物多达 200 种，同时盐湖也是干旱区重要的特异生物资源和耐旱、耐盐碱基因资源库。

盐湖是在干旱或半干旱的气候条件下，湖泊发展到老年期的产物。封闭或半封闭的湖盆使流域内的径流向湖盆底部汇聚，径流携带盐分不断从流域内向湖泊输送。在强烈的蒸发作用下，湖水不断浓缩，使水中各元素达到饱和或过饱和状态，在物理化学等作用下形成不同盐类沉积矿物并堆积在湖底，长时间就形成了富含各类盐类矿床的盐湖。由于各种盐类的溶解度不同，因而呈现出一定的沉淀顺序，各种盐类沉积物有明显的环带状分布规律。例如在昆仑山北麓的一些盐湖地区，靠近山区的地段为硼盐带，近湖地段为芒硝带，湖内则沉积有食盐和光卤石。盐湖是干旱造就的一种奇特景观，由于盐分中离子和结晶等对光线的折射、反射和吸收造成了五彩缤纷的湖水盐，而高盐度的湖水中由于大量繁殖不同颜色的盐藻，使得湖水呈现红、黄等不同颜色。另外，由海湾演变而成的盐湖，称为海成盐湖。死海是世界上最深的盐湖，也是地球上盐分居第三位的水体，含盐量超过 300 克 / 升。中国的盐湖也主要分布于干旱、半干旱的内陆地区。中国四大盐湖分别为青海茶卡盐湖、青海察尔汗盐湖、山西运城盐湖和新疆艾比湖。它们都位于河流的末端，湖水损耗主要通过湖面蒸发。

堰塞湖

堰塞湖是由火山熔岩流活动堵截河谷，或由地震活动等原因引起山体崩塌堵塞河床而形成的湖泊。形成有四个过程：①原有的水系；②原有水系被堵塞物堵住；③河谷、河床被堵塞后，流水聚集并且往四周漫溢；④储水到一定程度便形成堰塞湖。

根据成因可分为两类：①火山熔岩流阻塞河谷形成的熔岩堰塞湖。主要分布在东北地区，如黑龙江宁安市的镜泊湖和黑河市的五大连池。镜泊湖是中国最大、世界第二大的高山熔岩堰塞湖，由火山喷发的玄武岩浆堰塞牡丹江河道而形成。五大连池是由1719～1721年的火山喷发而形成，喷溢的玄武岩熔岩流阻塞了纳谟尔河支流——白河的河道，河流受阻而形成念珠状的五个相互连接的湖泊。②地震活动等原因引起山体滑坡、崩塌、泥石流堵塞河床而形成的堰塞湖。在中国多分布在西南和藏东南地区的河流峡谷地带，如西藏林芝易贡错和昌都然乌湖等。易贡错是由1900年地震引起的特大泥石流阻塞帕隆藏布的最大支流——易贡藏布而形成的堰塞湖。然乌湖是由山体滑坡或泥石流堵塞帕隆藏布而形成巨大的高原堰塞湖。2008年汶川地震后形成34处堰塞湖，其中最大的唐家山堰塞湖储水量达2.2亿立方米以上。

堰塞湖的堵塞物会受冲刷、溶解和侵蚀等作用，一旦堵塞物崩塌，湖水便会倾泻而下，形成洪灾，具有相当的破坏力，因此对堰塞湖应及时进行监测和预警。

第 2 章

亚洲湖泊

里 海

里海是世界上最大的封闭性内陆海，又称海迹湖，位于欧洲和亚洲之间，东、南、西三面分别被卡拉库姆沙漠、厄尔布尔士山脉和大高加索山脉所环绕。南北长约 1200 千米，东西平均宽为 320 千米。海岸线全长约 7000 千米，总面积约为 39.4 万平方千米。平均深度为 180 米，最大水深为 1025 米。共有 130 条入海河流，每年入海径流量为 300 立方千米以上。其中伏尔加河入海径流量为 256 立方千米，占里海总径流量的 85%。

里海是古地中海的一部分，曾和黑海、大西洋相通。直到中新世晚期，才变成一个封闭性的水域。19 世纪初期的水位要比 4000 ~ 6000 年前的水位低 22 米。自 20 世纪 70 年代初以来，里海水位保持在 −28.5 米左右。

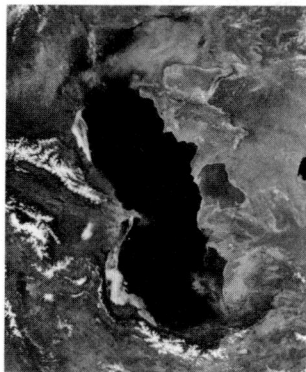

里海卫星照片
（据美国国家航空航天局）

整个海区可分为北、中、南三部分。北

里海，岸坡平缓，水深很浅，平均仅 4 ～ 8 米；中里海，东为陆架，西为杰尔宾特海盆，深达 790 米；南里海，东部陆架较宽，往西为洼地，是里海最深的地方。海底沉积物，北里海多含贝壳砂，中里海洼地多泥和砂质泥，南里海深水区为泥和含有薄层硫化铁的黏泥。

海区冬季平均气温，北部为 -8 ～ -10℃，南部为 8 ～ 10℃。最热月平均温度为 28 ～ 29℃。东和东北风占优势。风力为 5.5 ～ 10.7 米 / 秒，中部有时可达 20.8 ～ 28.4 米 / 秒。年降水量为 200 ～ 1700 毫米，年蒸发量一般为 1000 毫米。

在北里海，伏尔加河径流入海后分成两支：主要的一支沿西岸向南流；另一支沿北岸向东流，在东北部形成一个小型的反气旋型环流。流速随风而异，一般 10 ～ 15 厘米 / 秒，有风时显著增强。中里海被一个大型的气旋型环流所控制。南里海的西北和东南部，各有一个气旋型环流。

里海水温有明显季节变化。2 月北里海仅 0.1 ～ 0.5℃，南里海可达 8 ～ 10℃。夏季一般为 24 ～ 27℃。水温垂直分布：冬季，北里海和中里海无跃层出现，南里海在 50 ～ 100 米深处有温跃层。夏季，中部的 30 ～ 50 米深处和南部海区，上下层温差较大。

海区植物 500 多种。动物 850 种，其中 15 种是典型的北冰洋型和地中海型动物。此外，还有大西洋中层暖水型的动物。常见的鱼类有鲟鱼、鲱鱼、河鲈、西鲱等。油气资源丰富，海底石油的开采，主要集中于阿塞拜疆近海。

咸　海

　　咸海是中亚的内陆咸水湖，位于哈萨克斯坦与乌兹别克斯坦交界处。咸海曾以 6.8 万平方千米的面积名列世界第四大湖，但自 1960 年以后，因苏联实施的引水灌溉工程，致使咸海的面积不断地萎缩，至 20 世纪 80 年代后期退缩成南北两个独立区域；在 2003 年，南咸海进一步分为东西两部分；至 2007 年，咸海的面积已萎缩至原面积的 10%，并分裂为四个湖。自 2009 年开始，由于积雪融化，南咸海东部干涸后形成的盆地再度被水淹没，湖的面积也慢慢增加。

贝加尔湖

　　贝加尔湖是世界最深和蓄水量最大的淡水湖，位于俄罗斯东西伯利亚南部，布里亚特共和国和伊尔库茨克州。中国古称北海，曾为中国北方部族主要活动地区。形成于 2000 多万年前，由地层断裂陷落而成。湖面海拔 456 米。东北—西南走向，呈月牙形，长 636 千米，平均宽 48 千米，最宽 79.4 千米，湖岸线长 2200 千米，面积 3.15 万平方千米。平均水深 730 米，中部最深达 1620 米，蓄水量达 2.3 万立方千米，约占世界地表可饮用淡水总量的 1/5，占俄罗斯淡水储量的 4/5。周围群山环绕，山峰通常高出湖面 1000～1500 米，多变质岩、沉积岩和岩浆岩。有巴尔古津湾和普罗瓦尔湾等湖湾。湖中有 22 个岛，以奥尔洪岛为最大，面积约 730 平方千米，岛上大部为花岗岩和片麻岩，是贝加尔湖边唯一有人居住的岛，岩岛上一半是原始森林，一半是草原，还有一小部分是沙漠。贝加尔湖有色楞格河、巴尔古津河、上安加拉河等336条大小河流注入，集水面积55.7万平方千米。仅有叶尼塞河支流安加拉河一条河流从湖里流出。

湖盆地区为大陆性气候，巨大水体对周围湖岸地区气候有调节作用，冬季相对较温暖，夏季较凉爽。1～2月平均气温 -19℃，8月平均气温11℃。水深250～300米以上水体温度季节变化明显，夏季湖面平均水温7℃，冬季湖面平均水温0.3℃，最底层水温较稳定，为3.2～3.5℃。北部年平均降水量200～350毫米，南部年平均降水量500～900毫米。风大，浪高达5米，湖水涨落现象明显。1～5月初结冰，冰厚70～115厘米。湖水洁净清澈，40米深度的湖底清晰可见。

贝加尔一词源于突厥语，意为"富饶之湖"，水生生物资源丰富，物种多样性高，生物区系独特，约80%是贝加尔湖的特有种类，已知动物有2565种（包括亚种），其中约1/3种类为大型无脊椎动物。

湖岸主要城镇有斯柳江卡、贝加尔斯克、巴布什金、乌斯季巴尔古津、下安加尔斯克等。主要港口有贝加尔、坦霍伊、维特里诺、乌斯季巴尔古津、下安加尔斯克及胡希尔等。在南岸利斯特维扬卡设有俄罗斯科学院西伯利亚分院湖泊研究所。在科特镇建有伊尔库茨克大学水生生物站。为进行生态学研究，苏联政府于1969年1月通过了对贝加尔湖流域自然综合体进行保护和合理利用的决议，建立了布尔古津等自然保护区。1996年12月，贝加尔湖被列入联合国教科文组织《世界遗产名录》。自2008年起，贝加尔湖被评为俄罗斯七大奇迹之一。

巴尔喀什湖

巴尔喀什湖是位于哈萨克斯坦共和国的内陆湖，面积 16996 平方千米，属于世界第 13 大湖泊，东西长而南北窄。该湖是古代中国西北民族活动的地方，1864 年清朝和俄罗斯帝国签订不平等的《勘分西北界约记》，自此巴尔喀什湖脱离清王朝。巴尔喀什湖是世界上极少数同时拥有咸、淡湖水，湖域西半部分广阔而水浅，宽度约 27 千米至 74 千米，但水深不超过 11 米。由伊犁河从高山冰原流入淡水（盐度只有 1.48‰）；湖的东半部分水色较西部分混浊，宽度约 10 千米至 20 千米，水深约 25 米，盐度（10.4‰）较高。巴尔喀什湖湖水已遭到严重工业污染，湖区生态逐渐恶化。

洞里萨湖

洞里萨湖是柬埔寨湖泊，东南亚第一大淡水湖，又称金边湖，位于柬埔寨西部，南有洞里萨河连接湄公河，属湄公河水系。湖面呈西北—东南向的长条形。是调节湄公河水量的天然水库。每年 5～10 月雨季时，湄公河水暴涨，洪水经洞里萨河倒灌入洞里萨湖。湖面从 2500 平方千米扩大到 1 万平方千米，淹没大片农田和森林，为鱼类提供丰富的饵料和繁殖之地。被誉为"柬埔寨鱼仓"。11 月至次年 4 月干季时，湄公河水位下降，湖水明显减少，湖面缩小，水深不足 1 米。湖滨平原平坦广阔、土地肥沃，有利于水稻的生长。为湖区人民提供了坚实的资源保障，是柬埔寨人民的"生命之湖"。

生物多样性丰富，湖周围生长有茂密的落叶林和沼泽林，有斑嘴鹈鹕、大秃鹳、灰头鱼鹰和远东苇莺等野生动物，1997 年被联合国教科文组织纳入世界生物圈保护区。由于当地农民大量开荒种地，伐木烧炭，烧林捕猎龟蛇等动物，导致茂密的水淹林遭受大量破坏，面积剧减。政府有关部门正采取措施，保护水淹林。湖泊可通航，连接湖周边各省会城市。

洞里萨湖航拍

伊塞克湖

伊塞克湖是位于吉尔吉斯东北部，天山山脉北侧的湖泊。中国唐代称伊塞克湖为热海、大清池，清代称为特穆尔图淖尔、图斯池，长 182 千米，最宽处 60 千米，面积 6332 平方千米，平均湖面海拔 1602 米，最深 702 米，是世界上面积第二大的高山湖泊，仅次于南美洲的的喀喀湖。湖水微咸，冬季不结冰，主要水源是高山泉水和积雪融水，无出水口，属内流湖。

死 海

死海是亚洲西南部内陆湖泊，地球上盐度最高的天然水体。位于西亚裂谷中段，分属巴勒斯坦、以色列与约旦。生物在湖中与岸上均难以生存，故名死海。另有多种称呼：古巴比伦时期称为"沥青湖"；因位于约旦河谷的尽头，约旦河谷另名阿拉伯谷地，故又称"阿拉伯湖"；附近是地震多发地区，每当发生较强地震，海水剧烈翻腾，仿佛颠倒过来，于是又名"颠倒湖"；希伯来语称为"盐海"；还以"先知"鲁特及其女达格尔之名，分别命名为"鲁特湖"和"达格尔湖"。南北长约75千米，东西宽5～16千米，面积1045平方千米，平均深300米，中部最深398米，湖面比海平面低415米，是地球陆面的最低点。东岸有利桑半岛突入湖中，将湖分为大小悬殊的北、南两部分。由于以色列和约旦竞相截取约旦河水用于农业灌溉，加之沿岸盐化企业抽提用水，导致水源不断减少，湖面逐渐下降，面积日益萎缩，尤以南半部为甚。自20世纪50年代以来，南部的面积已由260平方千米缩小到75平方千米，最深不足8米。注入死海的约旦河水从过去每年13亿立方米减少到0.3亿立方米，死海水位平均每年下降1米。湖水含盐度高达230～250，为一般海水盐度的6～7倍。富含氯化物，以钾盐和溴最有价值。各类矿物质总计超过450亿吨（氯化镁220亿吨，氯化钠即食盐136亿吨，氯化钙64亿吨，氯化钾20亿吨，溴化镁10亿吨），底部还有大约400米厚的盐类沉积层。仅盐的蕴藏量就足够全世界食用1500年，是一个名副其实的"超级大盐库"。沿岸岩石也裹有厚厚盐层。湖水因含有各种矿物质而有很大浮力，人可仰卧其上而不沉。湖水有的地方呈淡绿色，有的地方呈碧绿色。有大量微生物，如嗜盐细菌和藻类，在含盐如此高的特殊环境里照常繁殖。对死海的天然资源正在进行开发。附近建有职工住宅城，包含宿舍、医院、商店、银行、修理所及幼儿园、小学校等各种福利、服务和教育设施。南端的利桑半岛上有钾盐厂，南岸塞多姆有化工厂及盐场。

死海盐滨

第 3 章

欧洲湖泊

拉多加湖

拉多加湖是欧洲最大淡水湖，原称涅瓦湖，在俄罗斯欧洲部分西北部。湖面海拔 5 米，湖长 219 千米，平均宽 83 千米，面积 1.81 万平方千米（包括湖内总面积 435 平方千米的 660 个小岩岛）。湖水南浅北深，平均深 51 米，北部最深处达 230 米，多年平均蓄水量 9110 亿立方米。拉多加湖系构造湖，经第四纪冰川刻蚀。北岸大多为高岩岸，有许多深切的小峡湾，湖岸曲折。南岸低平，多沙嘴和浅滩。结冰期较长，沿岸地区可达 5～6 个月，中部约 3 个月。平均冰厚 50～60 厘米，最厚可达 90～100 厘米，由沃尔霍夫、斯维里和武奥克萨等河注入。西南由涅瓦河流出，通波罗的海。湖中风浪大，不利航运。南岸修建有环湖的新拉多加运河，是沟通白海－波罗的海及伏尔加河－波罗的海航道的重要组成部分。鱼类丰富，以鲑、鲈、鳊、白鱼、鲟、狗鱼和胡瓜鱼类为主。渔获量居俄罗斯淡水湖第三位。沿岸主要城市有普里奥焦尔斯克、索尔塔瓦拉和彼得要塞等。

奥涅加湖

奥涅加湖是欧洲第二大湖，位于俄罗斯欧洲部分西北部，大部在卡累利阿共和国，南部在列宁格勒州和沃洛格达州境内。属冰川构造湖。湖盆从西北向东南延伸 245 千米，最宽处 91.6 千米，面积 9700 平方千米（不含岛屿）。湖面海拔 33 米。北和西北岸为由花岗岩等构成的曲折岩岸，多深入陆地的湖湾；南和东南岸为平直的沙岸，多湖滩。湖盆南浅北深，平均水深 30 米，最大深度 127 米，水体积 2920 亿立方米。湖岛众多，共有 1369 个，总面积 250 平方千米。在该湖的年水量平衡中，约 3/4 水量来自维捷格拉等 58 条河流，约 1/4 为降水；84% 水量经斯维里河流出，其余蒸发。湖面水位 7～8 月最高，3～4 月最低，水位平均年变幅 0.5 米，最大可达 1.9 米。湖区属亚寒带大陆性气候，冬季寒冷，结冰期长 5 个多月（11 月至次年 5 月）。湖内盛产多种鱼类。斯维里河上有水电站，南岸建有通航运河，将奥涅加湖与白海－波罗的海运河、伏尔加－波罗的海运河相连，具有重要航运价值。基日岛上有艺术古迹，博物馆有木制建筑艺术古迹博物馆和卡累利民族博物馆。沿岸主要城市有彼得罗扎沃茨克、孔多波加、梅德韦日耶戈尔斯克等。

巴拉顿湖

巴拉顿湖是匈牙利和中欧最大湖泊，又称"匈牙利海"。在布达佩斯西南约 90 千米千处，外多瑙山地包科尼山东南侧，是东北一西南走向断层形成的湖泊。湖形狭长，长 78 千米，宽 1.5 ～ 15 千米，面积 596 平方千米，平均水深 3 ～ 4 米，最深处 11 米，即蒂豪尼"坑"。巴拉顿湖湖水浅，容积小，蒸发量大于降水补给量，湖水靠佐洛河和北岸入湖河流补给和调节。4、5 月间雨水较多，加上融雪，水位最高；9、10 月间，气温偏高，蒸发较大，水位最低，但水位升降的幅度不超过 2 米，湖水循东岸希欧河流入多瑙河。湖区北部受断层作用，湖岸陡降 3 ～ 4 米，南岸较宽广平坦，形成欧洲最长的水浅沙细的湖滨，是良好的天然浴场。湖水冬季封冻，冰厚 20 ～ 25 厘米，最厚达 75 厘米。夏季湖区气温较高，东岸最高气温 30 ～ 35℃，水温 26 ～ 28℃，夜间水温高于气温，但水温昼夜差很少超过 2℃。从大西洋来的西风气流，有时越过山地直达湖面，使气温下降，产生暴风雨，平均每年有 15 个风暴日。湖中水产丰富，盛产鲤鱼。湖区气候宜人，湖水具有医疗价值，为夏季休养和沐浴胜地。沿岸观光游览城市有凯斯特海伊、希欧福克、巴拉顿菲赖德等。古老的蒂豪尼镇以博物馆和生物站吸引游客。20 世纪 70 年代以来，兴建大批水上运动场所和新式旅馆，游客每年超过 200 万人次。

巴拉顿湖风光

第 4 章

非洲湖泊

维多利亚湖

维多利亚湖是非洲最大的湖泊，世界第二大淡水湖，位于东非高原中部，地处坦桑尼亚、乌干达和肯尼亚三国交界处，赤道横贯北部。总面积约 6.95 万平方千米。主体位于坦桑尼亚和乌干达境内，两国分别占总面积的 52％ 和 42.8％。1859 年英国探险家约翰·汉宁·斯皮克成为发现维多利亚湖的第一个欧洲人，便以当时的英国女王维多利亚命名。

该湖盆是由东西两大背斜隆起断裂带之间的向斜盆地构成，湖域呈不规则四边形，南北最长 337 千米，东西最宽 240 千米。整个湖岸线长约 3220 千米，海拔 1134 米，平均水深 40 米，已知最大深度 80 米。西岸最为陡峭，岸线平直，其他三面湖滨地势起伏不大，多为平原和丘陵分布，湖岸曲折，多岛屿和湖湾。维多利亚湖为白尼罗河最稳定的径流来源，湖水从北岸流出，形成欧文瀑布。由于地处赤道多雨区，雨量季节分配均匀，湖面水位变化较小。维多利亚湖的水源主要来自湖面直接降雨及数千条的小溪流。流进维多利亚湖的河流中，最大的是卡盖拉河，由西岸进入维多利亚湖。巨大的水体对沿岸地区气候具有明显的调节作用。由于湖面蒸发旺盛，对流显著，湖区多雷雨。水汽被盛行东风吹至西岸，降水量多达 2000 毫米，形成非洲著名的多雨区。

维多利亚湖周边是世界上人口最为密集的区域之一，湖泊的周边遍布着城镇村落。湖区鱼类资源丰富，约有 200 多种鱼类，盛产鲈鱼和罗非鱼。湖滨土壤肥沃，水源充足，是沿岸各国的重要农业区。

坦噶尼喀湖

坦噶尼喀湖是非洲第二大湖，世界第二深湖，也是世界最长的淡水湖，位于东非裂谷带西支南端艾伯丁裂谷，在刚果（金）、坦桑尼亚、布隆迪和赞比亚 4 国交界处。由断层陷落而成。湖面海拔 773 米。湖形狭长，南北长 720 千米，东西宽 48 ～ 70 千米，面积 3.29 万平方千米，在非洲仅次于维多利亚湖。平均水深 700 米，最深处位于湖的北部，为 1470 米，仅次于俄罗斯的贝加尔湖。湖周围多高崖环绕，集水面积 24.5 万平方千米，有马拉加拉西河、鲁齐齐河、卡兰博河等注入。湖水通过卢库加河向西流入刚果河，湖面水位由于该河经常淤塞而常有变化，水位年变幅约 0.7 米。表层水温 23.6 ～ 26.6℃。多鳄鱼、河马，鱼类丰富，渔业较盛。渔获量最大时期为 20 世纪 80 年代，后因远洋渔业发展，周边渔业量减少。湖滨气候宜人，植物繁茂，多野生动物

坦噶尼喀湖风光

和鸟类,景色秀丽,为旅游胜地。水运发达,布隆迪大部分和刚果(金)一部分外贸物资经此转坦桑尼亚铁路出印度洋。重要湖港有坦桑尼亚的基戈马和乌吉吉,刚果(金)的卡莱米和乌维拉,布隆迪的布琼布拉以及赞比亚的姆普隆古,各港之间有定期航班。

马拉维湖

马拉维湖是非洲第三大淡水湖,第二深湖,旧称尼亚萨湖,位于东非大裂谷南段,东岸和北岸是莫桑比克和坦桑尼亚,西岸是马拉维。由断层陷落而成。南北长 560 千米,东西宽 24 ~ 80 千米,面积 3.08 万平方千米。湖面海拔 472 米。平均水深 273 米,北端最深处达 706 米。湖水由 14 条河流注入,最大的是鲁武武河。湖水的唯一出口是赞比西河的支流希雷河,向南流入赞比西河。湖区大部分水域在马拉维共和国境内,只有东部和北部一小部分,属坦桑尼亚和莫桑比克。沿湖有卡龙加、恩卡塔贝、恩科塔科塔、奇波卡等湖港,湖东面有利文斯敦山,西面有维皮亚山地,北端两岸是李文斯顿山脉、尼卡高原和维帕高地的陡坡。中部有利科马岛。湖区气候季节性明显,6 ~ 8 月是旱季,12 月到次年 3 月是雨季。年降水量约 980 毫米,年平均温度为 22℃。湖中约有 200 种鱼类,其中 80 % 左右为当地特有品种,最具研究价值

晚霞中的马拉维湖

的首推丽鱼。马拉维湖区除南部外，三面山峦叠嶂。在狭长的湖面两岸，青翠挺拔的山峰相对耸立，形成两道壁障，景色极为壮观。湖中云蒸雾绕，好似浮悬在半空中的一处仙境，被誉为非洲最壮丽的湖光山色，历来是非洲的游览胜地。南端有马拉维湖国家公园，1984 年被联合国教科文组织作为自然遗产列入《世界遗产名录》。

乍得湖

乍得湖是非洲第四大湖。地处乍得盆地中央，曾跨乍得、尼日尔、尼日利亚、喀麦隆四国，后因气候越来越干旱，蒸发强烈、水源减少，湖面逐渐缩小。第四纪古乍得海的残余，5400 年前面积曾达 30 万～40 万平方千米。湖面海拔 281 米。水位季节变化大，主要依沙里河水情而异。变幅一般在 1 米以内，最大可达 3 米（1874 年），面积相应变化在 1 万～2.5 万平方千米。平均水深 1.5 米，最深处 12 米。湖区大多属热带荒漠气候，平均年降水量 330 毫米，气候年际变化大，尤其 20 世纪 60 年代后的多年持续干旱，水位年际变化加大，湖面明显缩小，最小只剩 2600 多平方千米。每年最低水位出现在 6～7 月，最高水位在 11～12 月。表水温度 19～32℃。湖底地形多变，巴加北边有一条湖底垅岗横贯东西，把湖泊分为南北两部分，南北湖盆水流循环不畅，南湖稍深于北湖；东部水域多古沙丘，或没于水下或成小岛，以库城岛、布都马岛最大。湖面多纸草和芦苇形成的"漂浮小岛"，对航行构成障碍。乍得湖流域面积约 100 万平方千米，有沙里河、姆布利河、恩加达河、科马杜古约贝河注入，沙里河约占流量95%。湖滨洼地，尤其是沙里河三角洲，多沼泽，芦苇丛生；沿湖平原土地肥沃，是重要的灌溉农业区。湖中鳄鱼、河马甚多。水产资源丰富，为非洲重要的淡水鱼产区之一，盛产河豚、鲶、虎形鱼等。雨季可行轮船。湖区人文多样性突出，不仅分属4个不同国家，各种族在宗教、禀赋和风俗方面也各异，卡南布人是牧民，哈达斯人以捕鱼为生。

阿萨勒湖

阿萨勒湖是吉布提咸水湖，又称阿萨尔盐湖，位于吉布提中部丹纳吉尔沙漠中，地处塔朱拉湾以西的阿萨勒洼地内，东距吉布提港约90千米。呈椭圆形，南北长16千米，东西宽6.5千米，面积100多平方千米。四周为火山环绕。湖面低于海平面153米，是非洲大陆最低点。由于距海岸较近，海水不断渗透汇聚，湖水含盐量高达325克/升，沿湖岸堆积着晶莹纯净的盐丘，故称"盐湖"，是吉布提采盐区。地热资源丰富，洼地中喷气孔和热泉处处涌现。集中有沙漠、低盆地、盐湖、海水渗透、火山、喷气孔和热泉等各种自然景观，被科学家称为"自然的奇迹"。盐湖畔座座火山与重重盐丘互相辉映，景色奇丽，成为旅游胜地。

莫西奥图尼亚瀑布

莫西奥图尼亚瀑布是非洲最大瀑布，原名维多利亚瀑布，位于赞比西河中游巴托卡峡谷区，赞比亚与津巴布韦两国接壤处。河流在此横切第三纪玄武岩露头，河床陡落，形成"Z"字形峡谷瀑布带，绵延97千米。瀑布宽约1800米，被4个岩岛分隔成5股瀑布，最大落差128米，泻入宽仅400米的深潭。水雾如云，声鸣如雷，雾气和轰鸣远达10千米以外。当地居民称"莫西奥图尼亚"，意为"雷鸣之烟"。瀑布平均流量1400米³/秒，雨季可达5000米³/秒，水力储量巨大。赞比亚一侧有1938年建成的卡里巴水电站，形成巨大的卡里巴水库。瀑布区下侧维多利亚瀑布城附近，辟有维多利亚瀑布国家公园，是著名游览地。1989年被联合国教科文组织作为自然遗产被列入《世界遗产名录》。1905年在瀑布距马兰巴11千米处建成长198米的铁路、公路桥，通赞比亚首都卢萨卡和津巴布韦首都哈拉雷等城市。

莫西奥图尼亚瀑布景观

图盖拉瀑布

　　图盖拉瀑布是南非图盖拉河上游瀑布。图盖拉河流经南非东部夸祖鲁－纳塔尔省，在穿越德拉肯斯山脉时，因河床比降大而形成一连串的瀑布，总落差948米，为非洲落差最大的瀑布，并在大断崖（1500米）之下切割而形成图盖拉峡谷。

第 5 章

大洋洲湖泊

艾尔湖

　　艾尔湖是澳大利亚最大的湖泊，为季节性浅水盐湖，位于南澳大利亚州东北部、大自流盆地西南角。因 1840 年英国探险家 E.J. 艾尔（Edward John Eyre）最先发现此湖而得名。由南、北两湖组成。北艾尔湖湖盆长 144 千米，宽 65 千米；南艾尔湖湖盆长 64 千米，宽约 24 千米。两湖之间有戈伊德水道相通。湖盆最低点在海平面以下 16 米，是澳大利亚和大洋洲的最低点。湖区气候干旱且降水变率很大，平均年降水量一般在 125 毫米以下，蒸发量可达 3000 毫米。流入河流均为间歇河，主要有沃伯顿河、迪亚曼蒂纳河、库珀河。由于降水主要以暴雨形式出现，湖面面积和湖区轮廓很不稳定。雨季，众多的间歇河带来大量雨水，使湖面随之扩大、甚至成为淡水湖；旱季，强烈的蒸发作用使湖面迅速缩小，湖底形成极为平坦的盐壳。在湖南部的最低洼处，盐壳最大厚度可达到 46 厘米。湖泊总面积在 0 ～ 9500 平方千米之间变化。据湖西侧的地质构造推测，这个盐渍化严重的洼地是大约 3 万年前断层造成的凹陷，断裂作用隔断了水系原有的出海口。除雨季时的湖水可供农业和城市利用之外，湖区还拥有丰富的地下水资源。

陶波湖

陶波湖是新西兰最大的湖泊，世界最大火山湖之一，位于新西兰北岛中部的火山高原上。毛利语中"陶波"意为"悬崖峭壁"。由火山爆发和地层塌陷而形成。为世界最大火山湖之一。湖水覆盖了几座火山口。湖长40千米，宽27千米，面积606平方千米。湖面海拔357米，湖深159米。湖水由南面汤加里罗河等7条河流汇集而成，经东北端的怀卡托河排出。流域面积3289平方千米。湖内有岛屿，还有100多个湖湾与浅滩。湖西的西湾，水深约110～130米。原是一个巨大的残破火山口，呈半环形，四周峭壁陡立。以盛产虹鳟鱼闻名。其南面的图朗伊是钓鱼胜地。湖的周围是覆盖着火山碎屑物的高原，土质肥沃，森林密布，为早期毛利人居住地。湖东北岸的陶波镇在19世纪60年代毛利战争中曾是重要军事据点，现为附近牧区及人工林区的中心居民点。附近有著名的胡卡瀑布，怀卡托河在此从近250米的河床突然收缩到约18米的狭谷，急流越过12米的悬崖飞腾而下，水珠似帘，泡沫胜雪，取名胡卡，即毛利语"泡沫"之意。湖四周多火山作用形成的地热温泉，或作疗养地，或用于发电。

新西兰北岛陶波湖风光

盖尔德纳湖

澳大利亚南澳大利亚州中南部一组浅洼地中面积最大的湖泊，是巨大的内陆盐湖。位于艾尔半岛北部，州首府阿德莱德西北约 440 千米处，奥古斯塔港西北约 150 千米处，高勒山脉以北、托伦斯湖以西的丘陵地带。湖长约 160 千米，宽约 48 千米，有些地方的盐厚超过 1.2 米。洪水泛滥时，这个湖被认为是澳大利亚第三大盐湖。1857 年 10 月，南澳总督 R. 麦克唐奈以殖民地办公室澳大利亚部的主要职员 G. 盖尔德纳的名字命名了此湖。盖尔德纳湖与埃弗拉德湖和哈里斯湖共同构成了盖尔德纳湖国家公园。这些湖泊曾经都是内海的一部分，内海一直延伸到卡奔塔利亚湾。湖泊为间歇性积水的盐沼，六条季节性的溪流为这个湖提供水源，因此经常干涸。该湖被沙丘和盐灌木丛中的大型绵羊牧场所环绕。皮里港至珀斯的铁路从湖盆西北边缘经过。该湖已经成为各类型赛车手在盐滩上进行世界陆地速度记录尝试的试点区域，是澳大利亚干湖赛手举办年度"速度周"活动的地点。有文学家曾形容该湖"它的大小和投射在那一大片耀眼盐滩上的高耸悬崖，以及周边零星点缀的岛屿，使其成为迄今为止澳大利亚风景中最引人注目的目标之一"。

托伦斯湖

托伦斯湖是澳大利亚南澳大利亚州中南部盐湖，南澳大利亚州第二大盐湖，位于斯潘塞湾以北，弗林德斯岭西面。澳大利亚重要的内陆盐湖，是一断层湖。湖盆南北长约 240 千米，东西宽达 65 千米，总面积 5900 平方千米。经常干涸，致使盐质泥滩出露。雷暴偶尔会为湖中提供少量的水，当这种情况发生时，该地区会吸引各种各样的鸟类。大雨后如积水过多，则湖水从湖盆南端溢出，流入斯潘塞湾。

阿马迪厄斯湖

阿马迪厄斯湖是澳大利亚大陆中部的浅盐湖，位于澳大利亚北部地区西南，艾尔斯巨石以北约 50 千米处，麦克唐奈山脉和马斯格雷夫岭之间。探险家 E. 吉尔斯于 1872 年造访了这个湖。吉尔斯最初打算以费迪南德湖的名字来纪念他的资助人 B.F.von 穆勒男爵。然而，穆勒说服了吉尔斯以西班牙国王阿马迪厄斯一世（1870～1873 在位）命名。由于湖面广阔，且干涸的湖床无法支撑马匹的重量，吉尔斯在此处看到了尚未被发现的艾尔斯岩和卡塔曲塔，但无法到达这两个地方。湖盆呈西北—东南走向，为麦克唐奈山脉和马斯格雷夫山脉冲刷下来的沉积物所填充。湖底通常覆盖着厚厚的白色盐晶体，干涸时为含盐泥盆。在雨量充足的时候，阿马迪厄斯湖可连接到芬克河。湖面最长达 180 千米，宽 10 千米，面积达 1032 平方千米，是北部地区最大的盐湖，含盐量高达 6 亿吨，但由于地理位置偏僻，因此无法进行开发。附近地区有少量牛群放牧，饮水主要依赖地下水。湖盆北部有天然气开采。

第 6 章

北美洲湖泊

五大湖

五大湖是北美洲湖群，世界最大的淡水湖群，位于北美洲中东部，美国和加拿大之间。自西向东为苏必利尔湖、密歇根湖、休伦湖、伊利湖和安大略湖，除密歇根湖完全在美国境内外，余均为美、加两国共有。总面积 24.42 万平方千米，约 2/3 属美国。伊利湖较浅，最大深度仅 64 米；其他大湖的最大深度都超过 200 米，苏必利尔湖达 406 米。总蓄水量 22818 立方千米。流域面积（不包括湖面）50.88 万平方千米，广及美国的纽约州等 8 个州和加拿大的安大略省。

五大湖地区原为河谷低地，同属一东西向水系。第四纪冰期时，冰川多次南进，对河谷软弱岩层反复刨蚀，使河谷加深、加宽，原有水系被改造。更新世最后一次冰川——威斯康星冰川消融退却后，五大湖的基本轮廓逐步形成，湖水最终经圣劳伦斯河注入大西洋。

五大湖接纳几百条小河、小溪注入，湖泊水源主要依靠降水补给。在安大略湖口（湖水汇注圣劳伦斯河）年平均流量为 6640 立方米 / 秒。全年各湖水位变幅为 30 ～ 60 厘米，夏季水位较高，冬末春初较低，但强风暴雨可在短期内引起高达 3～4 米的水位波动。湖面表层水温夏季为 16～21℃，冬季降至 0℃ 以下。12 月至翌年 3、4 月为结冰期，但各湖中部因风大浪急，不易封冻。五大湖水体对湖区气候具有明显的调节作用，与邻近地区相比，夏凉冬温，降水较多，无霜期较长，有利于果树栽培。

湖面海拔自西向东下降。西部 4 个大湖的湖面海拔相差不大：苏必利尔湖与休伦湖水位相差 6 米，其间形成圣玛丽斯河；休伦湖与密歇根湖水位相同，由麦基诺水道相连；休伦湖与伊利湖水位相差 3 米，其间形成圣克莱尔河。伊利湖比安大略湖的水位高出 99 米，连接两湖的尼亚加拉河水流湍急，在石灰岩大崖壁处陡落成为世界著名的尼亚加拉瀑布。

五大湖地区自然资源丰富，经济发达，人口稠密。为改善五大湖航运条件以及与外洋的联系，先后开凿了苏必利尔湖与休伦湖间的苏圣玛丽运河、伊利湖与安大略湖间的韦兰运河。1954～1959 年间，又在圣劳伦斯河上开凿深水航道，使吃水 8.2 米的船舶可从圣劳伦斯河口上溯至苏必利尔湖西端的德卢斯。五大湖还通过运河与其他水系连接，如密歇根湖经伊利诺伊河和密歇根湖运河连接密西西比水系，伊利湖经纽约州巴吉运河连接哈得孙河，安大略湖经里多运河沟通渥太华河等，从而成为世界上最大的国际内陆航运系统。货运繁忙，自西向东的货流以铁矿石、农牧产品、木材等为主，自东向西则为煤、石油和工业品等。五大湖及其连接水道沿岸的主要港口，在美国境内有德卢斯、芝加哥、托莱多、底特律、克利夫兰等；在加拿大境内有桑德贝、哈密尔顿、萨尼亚、苏圣玛丽、多伦多等。

五大湖是北美洲内陆渔业区，主要渔产有湖鳟、白鱼、湖鲱，在温暖浅水中富鲈、鳖、鲇等。19世纪后期开始，由于大量食肉的海鳗游入湖内，影响了湖鳟等食肉鱼类的生存，加之沿湖城市和工厂排放的大量废水、废渣造成湖水污染，渔业产量逐渐减少。20世纪60年代以来，采取了控制海鳗、引进湖鳟、防止污染等措施，已取得较大成效，渔业产量回升。湖区水力资源丰富，水电站主要集中在圣玛丽斯河、尼亚加拉河及圣劳伦斯河上。五大湖还为沿湖城市提供大量工业用水和生活用水。美、加两国在沿湖地区辟有许多国家公园和避暑胜地，每年吸引数以百万计的国内外游客来此游览度假。

苏必利尔湖

苏必利尔湖是世界面积最大的淡水湖，北美洲五大湖中第一大湖。美国和加拿大界湖，东西长563千米，南北最宽处257千米，面积8.21万平方千米，两国分别占65％和35％。湖岸线长3000千米。平均深度148米，最大深度406米，蓄水量12234立方千米，占五大湖总蓄水量的一半以上。湖面海拔183米。湖区气候冬寒夏凉，多雾，风力强盛，湖面多波浪。冬季水位较低，夏季较高，水位季节变幅为40～60厘米。水温较低，夏季中部水面温度一般不超过4℃。冬季湖岸带封冰，全年通航期约8个月。湖中最大岛屿为罗亚尔岛，已辟为美国国家公园。北岸岸线曲折，多湖湾和高峻的悬崖岩壁；南岸多沙滩。接纳约200条小支流，多从北岸和西岸注入，较大的有尼皮贡河、圣路易斯河等，流域面积（不包括湖面积）12.77 万平方千米。湖水经圣玛丽斯河倾注休伦湖，两湖落差约 6 米，水流湍急。建有苏圣玛丽运河，借以绕过急流，畅通两湖间的航运。湖区森林茂密。矿产资源丰富，主要有梅萨比的铁、桑德贝的银，以及镍、铜等。主要湖港有美国的德卢斯和加拿大的桑德贝等。

休伦湖

休伦湖是北美洲五大湖中第二大湖，美国和加拿大界湖，长 332 千米，最宽处 295 千米，面积 5.96 万平方千米，美、加两国各占 40％和 60％。湖岸线长 2700 千米。平均深度 60 米，最大深度 229 米，蓄水量 3543 立方千米。湖面海拔 177 米，比苏必利尔湖低 6 米，与密歇根湖相同。冬季沿湖封冻，航运季节限于 4 月初至 11 月末。北部多湖岛，其中马尼图林岛是世界最大的湖岛，面积 2766 平方千米。该岛与湖东部的布鲁斯半岛围隔成东北部的乔治亚湾。湖岸有沙滩、砾石滩和悬崖绝壁，风景优美，是休养、游览胜地。接纳许多小河注入，流域面积 13.39 万平方千米（不包括湖面积）。西经苏圣玛丽运河接苏必利尔湖，西南经麦基诺水道与密歇根湖相连，南经圣克莱尔河—圣克莱尔湖—底特律河注入伊利湖。湖中富渔产。湖区蕴藏铀、金、银、铜、石灰石和盐等矿产资源，是美、加两国的重要工业区。圣克莱尔河东岸多炼油厂和石油化工厂，被称为加拿大的"化工谷"。湖区伐木业和捕鱼业也很发达。主要湖港有美国的贝城、阿尔皮纳、麦基诺城和加拿大的萨尼亚、戈德里奇等。

密歇根湖

密歇根湖是北美洲五大湖中面积第三大湖，唯一全部位于美国境内的湖泊。南北长494千米，东西最宽约190千米，面积5.78万平方千米，是美国最大的淡水湖泊。经东北端的麦基诺水道与休伦湖相连，西南侧经伊利诺伊－密歇根运河与密西西比河相通。湖岸线长2100千米。湖泊深度由北向南渐减，平均深度84米，最大深度281米，蓄水量4919立方千米。湖面海拔177米，与休伦湖相同。水流缓慢，呈逆时针方向流动。12月中旬至翌年4月中旬湖岸带封冻，影响航运。南岸平直，沙丘广布；北岸曲折，西北侧有格林湾。北部多湖岛，以比弗岛最大。接纳马斯基根河、马尼斯蒂河等近百条小河注入，流域面积11.8万平方千米（不包括湖面积）。受湖泊水体调节，气候温和，东岸盛产苹果、桃、李等，为美国主要水果带之一；格林湾岸一带是美国闻名的红酸樱桃产地。湖滨地区为夏季旅游胜地。南岸人口稠密，是美国重要工业基地。主要湖港有芝加哥、密尔沃基、格林贝等。

伊利湖

伊利湖是北美洲五大湖中面积第四大湖。美国和加拿大界湖，呈西南一东北向延伸，长388千米，最宽处92千米，面积2.57万平方千米，美、加两国约各占一半。湖岸线长1200千米。平均深度18米，最大深度64米，是五大湖中最浅的湖泊。蓄水量484立方千米。湖面海拔174米，比休伦湖低3米，高出安大略湖99米。多强烈风暴，常引起湖面波动，加之水浅，对航运有一定影响。12月初至翌年4月初湖面封冰，通航期为 8 个月。有休伦河、格兰德河、莫米河等小河注入，流域面积 5.88 万平方千米。湖岛主要在西南部，以皮利岛最大。西经底特律河—圣克莱尔湖—圣克莱尔河接纳苏必利尔湖、密歇根湖和休伦湖的湖水，东经尼亚加拉河倾注安大略湖，河上有世界著名的尼亚加拉瀑布。通过韦兰运河和纽约州巴吉运河分别与安大略湖和哈得孙河相通，同俄亥俄河之间也有运河相连。湖泊沿岸地带是重要的水果产区，也是工业集中区。湖滨多游览胜地。主要湖港有美国的布法罗、伊利、克利夫兰、托莱多、底特律和加拿大的科尔伯恩港等。

安大略湖

安大略湖是北美洲五大湖中面积最小的湖。美国和加拿大界湖，东西长 311 千米，南北最宽处 85 千米，面积 1.96 万平方千米，美、加两国分别占 47％和 53％。湖岸线长 1380 千米。平均深度 85 米，最大深度 244 米。蓄水量 1638 立方千米。湖面海拔 75 米，比伊利湖低 99 米。12 月至翌年 4 月中旬沿岸带封冻，全年通航期约 8 个月。有杰纳西河、奥斯威戈河等小河注入，流域面积约 7 万平方千米（不包括湖面积）。西南面通过尼亚加拉河接纳上游四大湖的水量，河上有世界著名的尼亚加拉瀑布；往东北经圣劳伦斯河注入大西洋。建有许多运河，与周围湖、河沟通。如西南经韦兰运河（绕过尼亚加拉瀑布）与伊利湖相连；东经奥斯威戈运河与纽约州巴吉运河、哈得孙河相通；西北经特伦顿运河与休伦湖的乔治亚湾相连；东北经里多运河与渥太华河相通。1959 年圣劳伦斯深水航道完成，其航运价值更显重要。湖区人口稠密。沿湖平原地区农业发达。工业集中于湖港的周围，如加拿大的多伦多、金斯顿和哈密尔顿，美国的罗切斯特等。

尼亚加拉瀑布

尼亚加拉瀑布是位于北美洲伊利湖和安大略湖之间的尼亚加拉河上的大瀑布。尼亚加拉河全长 56 千米，落差 99 米。主航道中心线为加拿大和美国边界。从伊利湖北岸 32 千米起，河道变窄，水流加速，在一个 90° 急转弯处，河水从所流经的石灰岩崖壁上骤然跌落，水势澎湃，声震似雷。在印第安语中，"尼亚加拉"意即"雷神之水"。宽大的水帘被居中的一座宽约 350 米的长形小岩岛戈特岛一分为二：东边美国境内部分称亚美利加瀑布，宽 305 米，落差 50.9 米；西边加拿大境内部分呈半环状，故名马蹄瀑布，宽 793 米，落差 49.4 米。瀑布年平均总流量 6740 米³/ 秒，其中马蹄瀑布流量约为亚美利加瀑布流量的 19 倍。加、美两国在瀑布附近河段上兴建了大型水电站。由于流水常年冲蚀，石灰岩崖壁不断崩坍，出现瀑布向上游后退现象。1842 ～ 1927 年平均每年后退 1.02 米。通过控制水流、以混凝土加固岩壁等措施，现瀑布后退速度已控制在 10 年不超过 0.3 米。尼亚加拉河两岸有同名姐妹城——尼亚加拉瀑布城，分属加拿大安大略省和美国纽约州，为旅游中心。瀑布附近开辟尼亚加拉公园（美）和维多利亚女王公园（加），各种旅游设施齐全，交通便捷。

大熊湖

　　大熊湖是加拿大第一大湖，位于加拿大西北地区，北极圈在其北部穿过。面积 31328 平方千米。湖面海拔 156 米。18 世纪末西北公司商人到此，曾在湖岸地区建立皮毛贸易站。1825 年英国探险家 J. 富兰克林来此探险。因湖区栖息众多北极熊而得名。原系构造洼地，经第四纪冰川挖蚀而成。深受切割，湖岸陡立。湖形奇特，有 5 条湖湾向东、南、西伸出。湖水清澈，平均水深 137 米，最大水深 413 米。湖中多小岛。10 月至次年 6 月为结冰期，浮冰延续至 7 月末。8～9 月可通航。长 120 千米的大熊河从湖西端流出，注入马更些河。产白鱼、湖鳟。20世纪初湖东岸地区发现沥青铀矿，1930 年开始开采。埃科贝（镭锭港）为采矿中心，也是湖区最大居民点。

大奴湖

　　大奴湖是加拿大第二大湖，位于加拿大西北地区南部，近艾伯塔省边界。面积 28568 平方千米。原系构造洼地，经第四纪冰川挖蚀而成。湖面海拔 156 米。湖形不规则，岸线曲折，多湖湾。湖水深而清澈，最大深度 614 米。有多条河流注入，其中从东南部注入的奴河最重要。湖水从西端流出，称马更些河。湖中多岛屿。气候严寒，湖面结冰期较长。通航仅限于 6 月中至 10 月底。渔业较盛，产白鱼、湖鳟等。南岸附近蕴藏铝、锌、金等矿，派恩波因特是采矿中心。东北岸的耶洛奈夫为西北地区首府和金矿开采中心。

温尼伯湖

温尼伯湖是加拿大第三大湖，位于马尼托巴省中南部。更新世冰期后巨大的冰川湖——阿加西兹湖的残遗。南北长 416 千米，东西宽 32 ～ 112 千米，面积 24387 平方千米。湖面海拔 217 米。温尼伯河、雷德河、萨斯喀彻温河等多条河流，分别从东、南、西 3 面注入，流域面积 98.42 万平方千米。湖水经 纳尔逊河从北部流出，向东北注入哈得孙湾。1974 年在该河上筑坝，控制湖泊水位。湖盆较浅，平均水深 15 米。蓄水量 371 立方千米。湖内富渔产，并有航运之利。南岸为游览区。湖中主要岛屿赫克拉、迪尔和布莱克 3 岛属赫克拉省立公园。

大盐湖

大盐湖是北美洲最大的咸水湖，位于美国西部犹他州西北部，东面是落基山脉支脉沃萨奇岭，西面是大盐湖沙漠。为更新世冰期时大盆地内淡水湖邦纳维尔湖的残迹湖。冰期后，气候变干，蒸发加强，邦纳维尔湖水位降低，与斯内克河、哥伦比亚河等外流河隔绝，形成内陆湖。西北—东南向延伸，长 120 千米，宽 48 ～ 80 千米，面积 4756 平方千米。湖面海拔 1280 米。一般水深 4 ～ 7 米，最深 11 米。盐度高达 150 ～ 270。东南和南部接纳贝尔河、乔丹河和韦伯河，湖水无出口，故湖面南高北低，盐度则北高南低。因降水量、蒸发量和入湖河流流量的变动，湖泊面积历年多变，1963 年减为 2460 平方千米，1985 年增至 6477 平方千米。湖面变化对湖区生态环境和交通等设施带来危害。1987 年犹他州政府在湖两侧安置水泵，以控制水位。盐类储量丰富，达 60 亿吨，以氯化钠为主，还有镁、钾、锂、硼等。19 世纪起开采食盐和钾碱。1971 年开始大规模从湖水提炼其他矿物。湖中生物贫乏，仅有盐水虾、水藻等。湖中岛屿散布，最大的安蒂洛普岛已辟为州立公园和北美野牛保护区。犹他州最大城市和首府盐湖城位于湖东南。

火山口湖

　　火山口湖是美国最深的湖泊，位于俄勒冈州西南部，喀斯喀特山脉南段。轮廓近似圆形，直径约 10 千米，面积 52 平方千米。湖面海拔 1879 米。最大水深 589 米，在北美洲仅次于加拿大的大奴湖。原是被冰川覆盖的古火山锥梅扎马火山，约 7700 多年前火山喷发，山顶崩陷，形成破火山口；在风化和流水侵蚀作用下，火山口逐渐扩大，积水成湖。以后又曾多次发生小喷发，形成若干火山锥，部分出露湖面成为

火山口湖

小岛，其中最大的是维扎德岛，高出湖面 237 米，顶部留有一火山口。湖周被高约 150 ～ 600 米的熔岩峭壁环绕，火山岩屑经长期风化后形状奇特、色彩各异。该湖无出入口，靠雨水和冰雪融水补给，湖面变动很小，湖水清澈，呈深蓝色。湖内有鳟鱼等。湖区松、杉林茂密，夏季野花盛开，空气清新，景色幽美。1902 年辟为火山口湖国家公园。

第7章

南美洲湖泊

的的喀喀湖

的的喀喀湖是世界大淡水湖之一，也是世界上能够通行大船的海拔最高的湖泊，位于南美洲安第斯山中段玻利维亚高原的北部，秘鲁和玻利维亚两国边境。长约 200 千米，最宽处约 80 千米，面积约 8330 平方千米，海拔约 3810 米。平均水深 100 多米，最大水深 304 米，水体容积8270 亿立方米。该湖系构造遗迹湖，形成于东科迪勒拉山麓一构造盆地内。湖底有冰川沉积物，并向玻利维亚岸边倾斜。周围群山环绕，高峰顶部常年积雪，湖水主要依靠高山融雪补给，水温较低（12～16℃），湖水的蒸发量很大，水位高低有季节变化。湖岸曲折，东南部水域狭窄，有一出口，湖水经德萨瓜德罗河注入波波湖。湖中多半岛和湖湾港汊，共有 51 个岛屿。湖区为蒂亚瓦纳科文化和印加文化的发祥地，面积

位于的的喀喀湖畔的科帕卡瓦纳小镇
映照在日落的余晖中

最大的的的喀喀岛还保留着印加时代的神庙遗址。湖中有用芦苇和蒲草编扎的名曰托托拉的小船，用以捕捞水产。湖中盛产鳟鱼和巨蛙。此湖为玻利维亚和秘鲁两国的水上运输通道、游览胜地。

马拉开波湖

　　马拉开波湖是南美洲最大的湖泊，位于委内瑞拉西北部，马拉开波低地的中心。世界大湖之一，属构造湖。湖北端通过一条长35千米、宽3～12千米、最深35米的水道与委内瑞拉湾相连。马拉开波低地系安第斯山脉北段一断层陷落的盆地，东科迪勒拉山脉向北的支脉——佩里哈山脉和梅里达山脉分列低地两侧，其最低部分聚水成湖。口窄内宽，南北长190千米，东西宽115千米，湖岸线长约1000千米，面积13380平方千米。北浅南深，容积2.8亿立方米。盐度15～38。北部湖水微咸，南部湖水因源自两侧山地数十条河流注入而被冲淡。

　　除北部委内瑞拉湾沿岸气候干燥、平均年降水量不足500毫米外，湖区大部分高温多雨，年平均气温28℃，平均年降水量1500毫米以上，为南美洲最湿热地区之一。石油资源丰富，并伴有天然气，有"石油湖"之称。湖区储油量约50亿桶。油田集中于东北岸和西北岸，拥有4000口以上的油井。1917年打出第一口生产井，1922年起大

马拉开波湖上的天然气厂

规模开采，使委内瑞拉成为世界重要的石油生产国和出口国之一。水道经过疏浚，湖内可通大型海轮和油轮。1962 年在湖口建成长 8678 米的拉斐尔·乌达内塔将军大桥，把苏利亚州的西部同东部以及委内瑞拉其他地区连接起来。湖畔生产可可、椰子、甘蔗和咖啡。湖岸城市有马拉开波、卡维马斯和奥赫达。

安赫尔瀑布

安赫尔瀑布是世界落差最大的瀑布，又称丘伦梅鲁瀑布，位于委内瑞拉东南部卡罗尼河支流丘伦河上、卡奈马国家公园内。丘伦河上游为地下河。在圭亚那高原的奥扬特普伊山顶部东缘，河水从地下 60 多米的砂岩层中流出，沿着陡峻的崖壁跌落下来，落差高达 979 米，为世界上落差第一大的瀑布。瀑布分两级，第一级落差 807 米，第二级落差 172 米。1933 年美国飞行员 J. 安赫尔同麦克拉肯为寻找传说中的金矿，驾驶单翼飞机首次从空中发现该瀑布。1935 年西班牙人卡多纳也发现了该瀑布。1937 年安赫尔同其妻再次对瀑布进行空中考察，瀑布遂以其名命名。安赫尔的单翼飞机现存放在马拉凯航空博物馆。瀑布为群山环抱，密林遮掩，陆路难以进入，只能乘小飞机从空中观赏或乘船从水路靠近。6 ～ 12

从空中俯瞰卡奈马湖形成的多个天然瀑布
(2008 年 12 月 12 日摄)

月为瀑布丰水期,适宜沿着河流旅行,12 月至次年 1 月是乘船探险的最佳时期。周围地区生活着卡马拉塔斯族印第安人。距瀑布 10 千米处有印第安乌鲁叶族的居民点。现为旅游探险地。

伊瓜苏瀑布

伊瓜苏瀑布是南美洲最大瀑布,位于巴西巴拉那州西部伊瓜苏河下游、巴西和阿根廷国界上,西距伊瓜苏河与巴拉那河汇流处约 23 千米。伊瓜苏河发源于库里蒂巴附近的马尔山脉,向西流经巴西高原 1320 千米,沿途接纳大小支流约 30 条,流至伊瓜苏瀑布处,河面展宽至 4 千米,河中大小岩岛星罗棋布,把河水分隔成一系列急流,平均流量 1750 米³/ 秒,雨季(11 月至次年 3 月)流量达 1.27 万米³/ 秒。当伊瓜苏河水从巴西高原的辉绿岩悬崖陡落入巴拉那峡谷时,形成 275 股大小不等的水帘,在汛期则连成一道宽达 3.5 ~ 4 千米、落差达 60 ~ 82 米的马蹄形大瀑布,其雷鸣般的跌落声远及周围 25 千米,溅起的珠帘般雾幕高达 30 ~ 150 米,在阳光映射下形成无数光怪陆离的彩虹,蔚为壮观。伊瓜苏瀑布在落差和宽度上都远超过北美洲的尼亚加拉瀑布,长度约是尼亚加拉瀑布的 3 倍。景色也更为雄伟壮丽。巴西和阿根廷两国均在瀑布周围设有国家公园。

2019 年 6 月 4 日在巴西福斯 – 杜伊瓜苏附近拍摄的伊瓜苏瀑布

第 8 章

中国湖泊

陆地上洼地积水形成的水域宽阔、水量交换相对缓慢的自然水体形成湖泊，是湖盆、湖水和水中物质——矿物质、溶解质、有机质、水生物等组成的统一体。中国对湖泊的称谓有湖（鄱阳湖、洞庭湖）、泽（大野泽、彭蠡泽、云梦泽等）、泊（罗布泊）、池（滇池、呼伦池、解池）、荡（元荡、钱资荡）、淀（白洋淀）、漾（麻漾、长漾）、汈（东汈、团汈）、泡（月亮泡、连环泡）、海（洱海、邛海）、错（纳木错、班公错）、诺尔（达里若尔）、茶卡（依布茶卡、玛尔果茶卡）等。水库属于人工湖泊。

中国共有湖泊 24800 多个。常年水面面积 ≥ 1 平方千米的湖泊 2865 个，其中淡水湖 1594 个，咸水湖 945 个，盐湖 166 个，其他 160 个，水面总面积 7.80 万平方千米（不含跨国界湖泊的境外面积，不含香港特别行政区、澳门特别行政区和台湾地区）。

中国湖泊按湖水排泄条件的不同可分为外流湖和内陆湖；按矿化度可分为淡水湖（矿化度 < 1 克/升）、咸水湖（矿化度 1 ～ 35 克/升）和盐湖（矿化度 > 35 克/升）；按湖盆的成因和湖泊水源补给条件的差异可分为构造湖、火山口湖、堰塞湖、冰川湖、岩溶湖、风成湖、河成湖和海成湖。

中国湖泊形成和演化主要受地质构造、气候、河流作用、人类活动等因素的影响。内陆区湖泊地处高寒和干旱地区，降水稀少、蒸发强烈、人为拦截入湖水量，造成湖面萎缩、湖水变咸，最终成为盐湖直至干涸。外流区的湖泊均为淡水湖。

中国湖泊可为青藏高原湖区、东部平原湖区、蒙新高原湖区、东北平原与山地湖区和云贵高原湖区五大湖区，另外还有面积很小的华南湖区。①青藏高原湖区（占中国湖泊总面积的 52.0%）。地球上海拔最高、湖泊数量最多、面积最大的高原内陆湖区。湖泊多以高山冰雪融水为补给源。主要有青海湖（面积 4340 平方千米，中国最大咸水湖。括号中的数字表示湖泊面积，单位为平方千米，下同）、纳木错（1980，中国最高的咸水湖，海拔 4718 米）、色林错（1628）、扎日南木错（997）、当惹雍错（835，中国第二深的湖）、羊卓雍错（638）、鄂陵湖（611）、班公错（604）、哈拉湖（602）、乌兰乌拉湖（545）、阿牙克库木湖（538）、扎陵湖（526）、昂拉仁错（513）、察尔汗盐湖（5856，中国最大的盐湖）等。②东部平原湖区（29.4%）。包括长江中下游平原和黄淮海平原上的大小湖泊，为淡水湖泊。主要有鄱阳湖（3960，中国最大的淡水湖）、洞庭湖（2691）、太湖（2346）、洪泽湖（1577）、南四湖（1266）、高邮湖（675）、巢湖（770）等。③蒙新高原湖区（13.2%）。包括内蒙古自治区、河北省西北部和新疆维吾尔自治区的湖泊。黑河以西多为构造湖，以东多为风蚀湖，亦有部分构造湖。主要有呼伦湖（2339，中国最北的湖泊）、博斯腾湖（1005，中国最大的内陆淡水吞吐湖）、乌

伦古湖（753）、艾比湖（650）、贝尔湖（600，中蒙界湖）、艾丁湖
（245，中国海拔最低的湖，低于海平面 155 米）等。④东北平原与山
地湖区（3.3%）。平原湖泊具有水浅、面积小和含盐碱成分的特点，
山地湖泊一般与构造活动和火山活动有关。主要有兴凯湖（4380，中俄
界湖，中国最东的湖泊）、镜泊湖（92，中国最大、最典型的火山堰塞
湖）、长白山天池（白头山天池）（10，中国最深的淡水湖，湖水最
深 373 米，中朝界湖）等。⑤云贵高原湖区（1.6%）。由四川、云南、
贵州、广西等省区内的湖泊组成。该区岩溶地区地下暗河、伏流和岩溶
湖广布。湖泊具有海拔高、面积不大和湖水较深等特点。主要有滇池
（306）、洱海（249）、抚仙湖（212）等。⑥华南湖区（0.5%）。主要
分布于广西、广东、海南、福建、台湾等省区，湖泊面积一般较小。主要
有日月潭（12）、星湖（5.4）、湖光岩（2.3，世界上最大的玛珥湖）等。

呼伦湖

　　呼伦湖是中国内蒙古自治区构造遗迹湖，又称呼伦池，位于内蒙古
自治区呼伦贝尔市新巴尔虎右旗、新巴尔虎左旗和满洲里市扎赉诺尔区
之间。是内蒙古自治区最大的湖泊，与贝尔湖互为姊妹湖。蒙古语为达
赉诺尔，意为海一样的湖。形似斜向东北的长方形，长 93 千米，平均
宽 25.2 千米，面积 2339 平方千米。储水量 138.5 亿立方米，湖面海拔
545.3 米，湖水平均深 5.92 米，浅处不超过 3 米。湖北岸有木得那雅河
与额尔古纳河相通，西南有克鲁伦河注入。为半咸水的吞吐型湖泊，水

质优良，矿化度小于 1 克 / 升。湖水每年 11 月上旬封冰，次年 5 月初解冻，冰层厚达 1 米以上，是中国封冻期最长的湖泊之一。湖中盛产鲤、鲫、白、鲶等鱼种。湖滨水草丰美，景色秀丽。

贝尔湖

中国与蒙古国的界湖，大部分属于蒙古国，位于东方省哈拉哈高勒县。湖面高度 581 米，湖水面积 615 平方千米，长 40 千米，宽 21 千米，湖岸线长 118 千米。湖岸平坦，哈拉哈河口附近柳条、芦苇丛生。集水面积 2.2 万平方千米，有哈拉哈河注入，通过乌尔逊河与呼伦湖相连。湖深 7 ～ 8 米，湖容 37.34 亿立方米。6 ～ 9 月水温 25 ～ 28℃，11 月至第二年 4 月封冻，底层水温 2 ～ 5℃。湖底沉积有动植物遗体的轻度硫化氢味淤泥。太平洋流域生物种类丰富，有 6 科 34 种鱼、49 种浮游藻类，4 种珍珠贝。贝尔湖是蒙古国主要渔场，贝尔湖渔业队近年捕猎 6.89 万公担鱼类。湖水矿化度在西部 298.7 ～ 365.9 毫克 / 升，溶解氧含量 8.4 毫克 / 升，以钠、钾、钙离子为主，属于碳酸盐类型。除捕鱼外，还适于发展度假疗养、钓鱼、休闲等旅游项目。

岱 海

岱海是中国内蒙古自治区内陆构造湖，位于内蒙古自治区乌兰察布市凉城县中部，坐落于蛮汉山与马头山之间的断陷盆地内。形状呈长椭圆形，为南西西—北东东走向，湖面海拔 987.8 米。湖面长 19.7 千米，平均宽 7.2 千米，面积 140 平方千米，平均水深 7.1 米。湖水主要来自周围 21 条河沟的径流补给，其中较大河沟有弓坝河、五号河、目花河、天成沟、步量沟等。因注入河流的含沙量大，在入湖处多形成小三角洲。湖水封闭不能外流，蒸发强盛，故含盐量较高，矿化度约 2.6 克/升。湖内盛产鲫、鲤、鲢等鱼类。

岱海俯瞰图

乌梁素海

乌梁素海是中国黄河北支故道遗迹湖，位于内蒙古自治区巴彦淖尔市乌拉特前旗，河套平原东端，西与黄河北岸的冲积平原相接，北靠狼山山前洪积扇，东邻乌拉山洪积阶地，三面环山形似弯月。南北长约 35 千米，东西宽 4～14 千米，面积 290 多平方千米。约形成于清道光三十年（1850），乌加河改道留下的弧形洼地，清末开凿疏浚河套灌渠，遂成排水、退水通道。因洼地比降小，排水不畅而积水，因而约于 1930 年前后形成大湖，其时水面 800 多平方千米。20 世纪 60 年代初湖面缩小到 598 平方千米，70 年代湖面缩小到 226 平方千米。主要由河套灌溉退水补给，水流向南排入黄河，水体属半流动性。盛产鲤、鲫、赤眼鳟、雅罗、鲶等 20 多个鱼种，以黄河鲤鱼著名，年平均产鱼

1100～1200 吨。由于湖底苇蒲腐殖物及泥沙淤积较快，平均每年约增高 1 厘米，导致湖面和水深渐小，水质矿化度增高，约 3.5～5.7 克 / 升。

乌梁素海湿地

可养鱼水面仅为湖面的 54%，约 160 平方千米，渔业发展受限。海子及四周沼泽发育，芦苇、蒲草丛生，盛产优质芦苇。夏半年有大量候鸟水禽栖息繁殖，其中以疣鼻白天鹅最为珍贵。

达来诺尔

　　达来诺尔是中国内蒙古自治区构造熔岩堰塞湖，又称达里诺尔、达里泊、达尔泊，位于内蒙古高原中南部，赤峰市克什克腾旗西北部，大兴安岭余脉经棚山区构造的盆地之中。盆地中除达里诺尔外，东南和西北还有达更诺尔、岗更诺尔与杜乐诺尔等 3 个较小湖泊，组成一个湖泊群。达来诺尔的蒙古语意为像大海一样宽阔美丽的湖。元代称鱼儿泊、达儿泊。达里诺尔呈椭圆形，湖面面积最大为 200 余平方千米，平均水深 7.5 米，最深处 13 米，蓄水量约 16 亿立方米，水质弱碱性。湖下地形为锅底状，湖中心最深达 10 米，湖底除有淤泥和沙砾外多为石质基础。湖水主要由匡古尔河、石岭河、羊腾河、毫伦河 4 条河流长年补给，其中有些河流上游修建水库、发展农田灌溉，使达里诺尔等湖水补给减少。湖水除由发源于大兴安岭的贡格尔河补给外，沿湖区有断裂带涌泉补给并淡化水质，可供鱼类繁殖，湖中主要有雅罗鱼、鲫鱼及少量鲤鱼等鱼种。沿断裂带该湖的东西各有一个小湖，西部小湖名为达更诺尔（碱湖），东部小湖名为岗更诺尔，有石岭河与大湖相通。为水质优良的淡水湖，面积 3 平方千米，水深 1～3 米，水产较丰。四周水草繁茂，夏秋季有大量飞禽栖息繁衍，主要有野鸭、大雁、海鸥，珍贵禽鸟有天鹅、白枕鹤和国家一级保护动物丹顶鹤等。

达来诺尔湖

长白山天池

长白山天池是中国与朝鲜两国的界湖。朝鲜称白头山天池。位于吉林省东部边境，长白山火山椎体峰顶，吉林省东南端，安图县南部，抚松县东部。朝鲜称其为白头山天池。是中国最大、最深的火山口湖。长白山天池（白头山天池）水面海拔 2189 米，水面南北长 4.85 千米，东西宽 3.35 千米，略呈椭圆形。水面积 9.82 平方千米，水边周长 13.11 千米，平均水深 204 米，最大水深 373 米，集水面积 21.4 平方千米，总蓄水量 20.4 亿立方米（又说 20.04 亿立方米）。

长白山天池气候多变，多云、多雾、多风、多雨、多雪。年平均气温 -7.3℃，水温 7～12℃。平均年降水量 650～1350 毫米，日蒸发量 2 毫米，年蒸发量 450 毫米。是吉林省气温最低，水面蒸发量最小，降水量最大的地方。长白山天池自 11 月下旬至 12 月上旬封冻，次年 6 月中旬解冻，有七八个月的封冻期。8 月末开始降雪，雪深 0.86 ～ 1.04 米，

长白山天池

冰厚 0.93 ～ 1.28 米。在华盖峰底处，有长 200 米、宽 20 余米的水面终年不结冰（朝鲜将军峰西北部伸入池中一悬崖下亦有 2 处不冻水面）；其水温 10℃ 左右，气泡从水底冒出，是为池畔之温泉群。

兴凯湖

兴凯湖是黑龙江省最大的淡水湖，又称新开湖，位于黑龙江省密山市东南部，为中国与俄罗斯的界湖。由大、小兴凯湖组成，其中大兴凯湖北部及小兴凯湖属中国，大兴凯湖南部属俄罗斯。唐称湄沱湖。清嘉庆（1796-1820）年间始称兴凯湖。兴凯为满语，意为水从高处向低处流。

兴凯湖是古代火山爆发后地壳陷落而形成的大、小两个湖泊，湖水从东北部龙王庙附近流出后称松阿察河，松阿察河一路向北流，注入乌苏里江。①大兴凯湖。南北长 100 多千米，东西宽达 60 多千米，面积 4380 平方千米；湖面海拔 69 米，最深处 10 米；总储水量约 240 亿～ 260 亿立方米。在中国境内，注入湖内的河流有白棱河、梨树沟河、红眼哈

大泡子；岸边多为砂砾浅滩，环湖多沼泽，湖底多淤泥和腐殖质，湖水混浊，透明度仅60厘米。在俄罗斯境内，注入湖内的河流有8条。②小兴凯湖。面积140平方千米；最深处4～5米，平均湖深1.8米。注入湖内的河流有承紫河、小黑河、金银库河、大西河；湖岸为细软沙滩，湖水清洁，无污染，湖水透明度1.5～2米。③大、小兴凯湖连接地带。是一条东西延伸约50千米的沙质湖岗，湖周为湖积低平原。兴凯湖地处温带季风气候区，夏季降水量大，河流补给以雨水为主，湖水水位明显地受入湖河流的水情控制；补给系数小，多年平均水位变幅亦小。每年12月开始封冻，10～15天内湖面全部冻结；次年2月底到3月初，冰层可厚达0.9米；4月中下旬解冻。

兴凯湖盛产翅嘴红鲌、红尾鱼、鲤鱼、尖头红鲌，已建立以丹顶鹤等珍禽及湿地生态系统为保护对象的国家级自然保护区。兴凯湖是国家AAAA级度假、养生、旅游胜地，有东方夏威夷之美称，有罕见的原生态湿地环境。中心旅游区主要分为三大旅游板块：①兴凯湖中心景区（养殖场区），面积1.98平方千米，由龙王庙、西泡子野

兴凯湖

生垂钓场、野生动物观赏区构成。②新开流景区，由新开流古文化遗址、水上乐园、大兴凯湖滨浴场构成。③鲤鱼港景区，由百米泄洪闸、金色沙滩浴场构成。

镜泊湖

镜泊湖是中国最大的熔岩堰塞湖，位于黑龙江省东南部张广才岭与老爷岭的山间谷地、牡丹江干流上，北距宁安市市区 50 千米。唐满族先民——靺鞨人称其为忽汗海；辽称扑燕水；金称毕尔腾湖；明因其清平如镜，始称镜泊湖。南北总长 45 千米，湖盆南北直线长度 32.5 千米。湖盆南部较宽，最宽处约 6 千米；北部较窄，最窄处仅 400 米左右；平均宽约 2 千米。面积约 95 平方千米。深度从南向北逐渐加深，最深处 62 米，平均水深 42 米。

镜泊湖

镜泊湖是由火山喷发大量玄武岩熔岩流壅塞牡丹江河床形成的堰塞湖，湖形狭长曲折，轮廓略呈"子"字形，整体呈西南—东北走向。湖上有道士山、小孤山、大孤山等诸多孤岛。常年最高水位 353.65 米，最低水位 345.61 米；年平均流量 9.2 ～ 10 立方米 / 秒，蓄水量 16 亿立方米，控制流域面积为 11820 平方千米。镜泊湖有 30 多条河流呈向心式汇入湖中，年平均入湖流量 31.1 亿立方米。湖中水量丰富，水质优良，泥沙含量小，水温变化大；冬季结冰，平均封冻时间始于 12 月中旬，解冻时间为 4 月中旬，多年平均冰层厚度约 0.83 米。湖水在北湖头流出，泻出形成宽约 40 米、落差 20 多米的吊水楼瀑布；强大的水流冲击崖前，形成深达 60 米的黑龙潭；湖水从黑龙潭流出后，注入牡丹江。

镜泊湖为国家级风景名胜区，由百里长湖、火山口原始森林、渤海国上京龙泉府遗址三部分组成。是国家 AAAAA 级旅游景区、世界地质公园、国家重点风景名胜区、国际生态旅游度假避暑胜地、全国文明风景旅游区示范点、中国十佳休闲旅游胜地。可供开展科研、避暑、游览、观光、度假和文化交流活动。

太　湖

太湖是中国五大淡水湖之一，中国东部近海区域最大的湖泊，位于江苏省南部，长江三角洲南缘，横跨苏州市吴中区、相城区、虎丘区、吴江区，无锡市滨湖区，宜兴市，常州市武进区。其中大部分水域位于苏州市，分别由苏州、无锡、常州 3 市管辖。湖水南部与浙江省相连。

◆ 成因

古称震泽、具区，又称五湖、笠泽、太漏。关于太湖成因，最早见于《尚书·禹贡》记载"三江既入，震泽底定"。《周礼·职方》记载："薮曰具区，川曰三江，浸曰五湖。"学术界对太湖的形成一直以来有着不同的认识和争议。主要有潟湖成因说、构造成湖论、气象说、风暴流涡动成因说、河流淤塞说、火山喷爆说、陨击说等。①潟湖说。由于大江淤积而导致太湖的形成。长江三角洲地区的太湖、阳澄湖、淀山湖等湖群原先是与海相通的大海湾，由于扬子江与钱塘江向东延伸与反曲，致使部分海面被环抱于内遂成内海，两侧诸山水流不断注入，冲淡了内海的水而成为淡水湖。②构造说。由于太湖地区地壳的新构造运动，造成太湖平原下沉，河流改向，荆溪水系改道东流，由断陷盆地成为汇水盆地，又渐渐成为数个沼泽小湖泊，以后逐步形成太湖。③气象说。古代数千年间的持续大暴雨，太湖地区的大片低洼地大量积水，年复一年，遂形成如今的太湖。④风暴流说。4000～6000年前的气候异常，不断形成的大风暴流涡动，数千年间的狂风暴雨造成太湖地区的沼泽浅洼地积水不断增加，水域日渐扩大，形成太湖。⑤河流淤塞说。在距今2万～1.5万年的第四纪更新世末玉木冰期时，海水东退，古太湖海湾消亡，太湖地区与东海陆架相连，成为广袤的古长江三角洲冲积平原，平原植被为温带草原或疏林草原。全新世中期（距今7500～2500年），随着气候转暖，海面回升到今海平面附近。由于长江和钱塘江沙嘴的形成，太湖平原成为大型集水洼地。西部山区原向东北注入长江的荆溪和东流入海的苕溪等，因河流下游被淹，比降减少，入海河道宣泄不畅，河泥沙淤积严重，而改道汇集于这碟形洼地中。海潮倒灌及平原地下水位抬升，致使低洼地积水沼泽化，形成分散的小型湖泊群。各个小湖泊面积逐渐扩大而汇成大湖。加上后来东岸出湖河道渐趋淤塞，湖水蓄积量的增加及湖中风浪潮流对湖岸的侵蚀，湖面面积进一步增大，遂成现今的太湖。⑥火山喷爆说。通过对太湖三山岛数年采样鉴定、野外地质调查工作，发现并确证火山的存在。三山岛的北部和西部遍布火山角砾岩、火山喷爆的火山弹，并且都已硅化成燧石、玉髓、玛瑙等。在东泊小山发现一条火山喷爆的地质剖面，喷发时代为5000万年前的白垩纪末。岩浆火山活动降低了太湖及其周边的地下热压与容重，产生负压，带来该地区新生代缓慢的沉降，太湖及其周边大小诸湖都为同源同因的火山喷爆而成的地面沉降湖。⑦陨击说。这一学说又分陨石撞击成因说和彗星爆炸成因说两种。陨石撞击说认为距今 5000 万年前，一颗巨大的陨石从北东方向撞击地面，造成相当于 1000 万颗广岛原子弹爆炸的巨大冲击，留下了 2300 多平方千米的陨石坑，即现在的太湖。故古人称太湖为震泽。彗星爆炸成因说认为在 4800 年前，一颗直径 50 千米的彗星从东北向西南砸向太湖地区，并在上空爆炸分裂成许多颗后撞到地面，大的一颗撞击形成太湖，其余则撞向太湖四周形成一些小的湖泊，并造成太湖四周大量散落的铁疙瘩一类的陨击物质。

◆ 自然环境

太湖位于长江三角洲南翼蝶形洼地中心，湖岸西南部呈半圆形，为丘陵山地，东北部曲折多岬湾，以平原及水网为主。太湖湖泊面积 2427.8 平方千米，水域面积为 2338.1 平方千米，湖岸线全长 393.2 千米，是中国第三大淡水湖泊。除局部地区存在古河道和洼地之外，湖底平浅，平均水深 1.94 米，最大水深 2.6 米，72.3% 的湖底水深 1.5 ～ 2.5 米，是典型的浅水型湖泊。地处亚热带，气候温和湿润，属亚热带季风气候。年平均气温 16 ～ 18℃，年降水量 1100 ～ 1150 毫米。

太湖地处江南水网的中心，河港纵横，河口众多。接纳苏南茅山山脉荆溪诸水和浙北天目山山脉苕溪诸水，主要由黄浦江泄入长江河口段，主要进出河流有 50 余条，属长江水系。河网调蓄量大，蓄水 27.2 亿立方米。水位比较稳定，利于灌溉和航运。太湖水系平均年出湖径流量 75 亿立方米，蓄水量 44 亿立方米。太湖岛屿众多，有 50 多个，其中 18 个岛屿有人居住。湖区号称有四十八岛、七十二峰。太湖四十八岛包括西山岛、三山岛、洞庭山、长沙岛、贡山岛等；七十二峰包括位于苏州市吴中区的莫厘、缥缈、鼋头渚、漫山、笔架、洞庭东山大尖顶等，以及位于无锡的马迹、钱堆等。太湖湖光山色，相映生辉，其有不带雕琢的自然美，有太湖天下秀之称。

◆ 人文概况

太湖地处长江三角洲中心，流域面积 36900 平方千米，流域内拥有大小城市 38 座。2016 年末常住人口约 2.2 亿，人口平均密度达 6000 人/千米^{2}以上。以苏州、无锡、常州、嘉兴、湖州 5 个地级市为主要构成的环太湖地区，虽然自古以来就一直分属于不同的行政区划，但在中国的经济和文化版图上，却一直被视为同一个单元，即狭义上的江南，就是历史上人们常说的鱼米之乡和锦绣江南，曾有"苏湖熟，天下足"的说法。

太湖流域特产丰饶，自古以来就是闻名遐迩的鱼米之乡。水产丰富，盛产鱼虾，素有"太湖八百里，鱼虾捉不尽"的说法。太湖三白，即银鱼、白鱼、白虾遐迩闻名。①太湖银鱼，长 2 寸余，体长略圆，形如玉簪，似无骨无肠，细嫩透明，色泽似银，故称银鱼。春秋时期，太湖就盛产银鱼。宋代诗人"春后银鱼霜下鲈"的名句，把银鱼与鲈鱼并列为鱼中珍品。②白鱼肉质细腻，刺软。③白虾壳薄，晶莹味鲜。

太湖地区农业发展历史悠久，大量新石器时代的文化发掘表明：距今 5000～7000 年，太湖流域的原始农业已有相当程度，种植业以稻谷为主，品种有仙粳之分，已有细致的丝麻纺织技术。太湖农业形成历史大致可分为三个阶段，初步形成于六朝时期，唐宋时期迅速发展，明清时期进一步完善。太湖地区农业生产水平高，是中国重要的商品粮基地和三大桑蚕基地之一。耕地复种指数高，但 1995～2010 年呈下降趋势，复种指数由 189.4% 下降到 167.3%。太湖地区是全国淡水鱼、毛竹、湖羊、生猪、茶叶、菜籽油、食用菌等多种农副产品的重要产地，并远销国内外市场。

太湖地区风景优美，拥有湖州太湖国家旅游度假区、苏州太湖国家旅游度假区、常州太湖湾旅游度假区、无锡（马山）太湖国家旅游度假区等，以及无锡蠡湖、常州武进淹城春秋乐园、环球动漫嬉戏谷、武进春秋阖闾城遗址、苏州园林、洞庭东山和西山、宜兴洞天世界等旅游胜地。

太湖风光

太湖大桥为中国内湖第一长桥，1994 年 10 月 25 日正式通车。大桥东起苏州吴中区（原吴县市）胥口渔洋山，西至西洞庭山，途经长沙、叶山两岛，由 3 座特大桥组成，全长 4308 米，181 孔，桥面宽 12 米。桥体简洁明快，轻巧新颖，富有时代感，与太湖山水相得益彰。大桥的建成，不仅从根本上解决了太湖西山诸岛的交通问题，而且为开发和利用太湖自然资源和人文优势，加快太湖国家旅游度假区的建设，尽快建成环太湖旅游经济区发挥了积极作用。

◆ **治理**

由于工业的发展和人口增长，城市工业和生活污染物排放量增加，以及农业排放和旅游业的发展，20 世纪 90 年代以来，太湖流域人多水少的矛盾逐步凸显，水污染严重、水环境恶化、饮用水不安全等问题日益突出。

1996 年国务院召开太湖流域水污染防治执法检查现场会，标志着太湖水污染综合防治工作全面开始。1998 年 1 月国务院批复了《太湖水污染防治"九五"计划及 2010 年规划》。2011 年 11 月 1 日起，中国首部流域综合性行政法规《太湖流域管理条例》正式施行。2013 年，《太湖流域水环境综合治理总体方案》经国务院批准出台实施。

2017 年太湖无锡水域水质符合 IV 类标准。化学需氧量浓度 19 毫克 / 升，达到 III 类水质标准；氨氮浓度 0.15 毫克 / 升，达到 I 类水质标准；高锰酸盐指数浓度 4.2 毫克 / 升，达到 III 类水质标准；总氮作为单独评价指标，浓度 1.68 毫克 / 升，处于 V 类标准；综合营养状态指数 57.3，处于轻度富营养状态。13 条主要出入湖河流中达到 2017 年水质目标的为望虞河、梁溪河、直湖港、太滆南运河、大港河 5 条河流，其余 8 条有不同程度的超标。48 个水功能区水质达标率 84.8%。

淀山湖

淀山湖是中国上海市最大的天然淡水湖泊，黄浦江源头，简称淀湖，位于上海市青浦区和江苏省昆山市交界处，浦西河网西部边界。本为古太湖的一部分，原称薛淀湖。相传因湖东南有淀山，宋时山在湖中，故名。又因湖水水质清澈、清凉甘甜，俗称甜水湖。属太湖流域，是以太湖为中心的碟形洼地的组成部分。湖面南宽北窄，状如葫芦，岸线曲折，东西长 14.5 千米，南北宽 8.1 千米，周长 35 千米。湖面分属青浦区和昆山市，总面积 64 平方千米，2/3 位于青浦区境内。西南较浅，北部近昆山市部分较深。最深处 3.59 米，平均水深 2.11 米，水位稳定，水位年变幅在 1 米左右。蓄水容量约为 1.1 亿立方米。湖底平坦，底质为褐色或灰褐色冲积黏土。据考证，淀山湖在上古时期曾为陆地，秦汉时期陆地沉陷，后因海侵、丰雨、潮汐淤积等因素，遂成湖泊。

四周港汊众多，昔日共有 70 多条进出河港，后因公路交通和水利基础设施建设，部分河港被阻滞，现尚存 50 余条。主要接纳太湖吴江地区来水，经急水港、大朱库、白石矶等 24 条河港汊入湖，以急水港为主流。下游出水河道拦路港为主要出水口，经拦路港东西泖河、斜塘，下泄入黄浦江流入长江口至东海。水流缓慢，一般流速仅 0.03 米 / 秒。为上海与江苏、浙江航运要道，并为湖周 1.33 万余公顷农田提供灌溉水源。

湖内水草丰茂，盛产鲤、鲫、鲈、鳗、红鳍鲌、鳜、银鱼等数十种淡水鱼类，为上海市重要淡水鱼基地。近年来淀山湖鱼类数量呈减少趋势，主要是该区沿长江的水利建设阻断了鱼类的洄游路线。水质清澈，为上海地区水源地之一，黄浦江上游主要水源保护区。适合开展赛艇、皮划艇、帆船、帆板、龙舟等无污染的水上运动，是第 5 届全运会水上运动分会场。属富营养湖类型，湖泊中氮、磷负荷过大是造成湖泊富有养化的主要因素。

1979 年以来淀山湖风景区逐步规划实施，如今淀山湖区已成为上海市最大的风景旅游区。景区内沿湖散落着大观园、朱家角、崧泽古文化遗址、福泉山古文化遗址、报国寺、万安桥等景点。其中，崧泽古文化遗址和福泉山古文化遗址是迄今为止上海市发现的人类最早的聚居地。2006 年，淀山湖被评为第六批国家级水利风景区。

阳澄湖

阳澄湖是太湖下游湖群，为太湖平原上第三大淡水湖，又称阳城湖，位于江苏省苏州市市区东北，南连苏州城，北邻常熟市，跨苏州市市区、工业园区、昆山市及常熟市。南北长 17 千米，东西最大宽度 8 千米，面积 117 平方千米，蓄水量 3.7 亿立方米。

阳澄湖畔风光

◆ 成因

关于阳澄湖的形成原因有多种说法。①潟湖说。认为长江三角洲地区的太湖、阳澄湖、淀山湖等湖群原先是与海相通的大海湾，由于扬子江与钱塘江向东延伸与反曲，致使部分海面被环抱于内遂成内海，两侧诸山水流不断注入，冲淡了其内海的水成为淡水湖。②构造说。认为太湖地区地壳的新构造运动造成阳澄湖平原下沉，河流改向，荆溪水系改道东流，由断陷盆地成为汇水盆地，又渐渐成为数个沼泽小湖泊，以后逐步形成阳澄湖。③气象说。认为古代数千年间的持续大暴雨，有些年间的年降水量甚至达到 60 万吨，阳澄湖地区的大片低洼地大量积水，年复一年，形成如今的阳澄湖。

◆ **组成**

原是陆地的冲积平原。湖中两条天然沙埂贯穿南北，将阳澄湖分为东、中、西三湖。东湖最大，水深 1.7～2.5 米；中湖和西湖，水深 1.5～3.0 米。三湖之间有众多港汊相通，是阳澄地区防洪、排涝、引水、灌溉的调蓄湖泊，同时也是苏州市市区和昆山市城区主要饮用水水源地。阳澄湖为吞吐性湖泊，上承西部和西北部望虞、常熟等地来水。向东经七浦塘、杨林塘、娄江（浏河）分别入长江，是阳澄淀泖河网调节中心。沿湖大多为低洼圩区，有进出水港 63 条。其中进水港 30 条，分布在西部和西北部，主要有里塘河、北河泾等；出水港 33 条，分布在东部和南部，主要有七浦塘、杨林塘、娄江和陆泾等。阳澄湖周围分布有盛泽荡、沙湖、巴城湖、傀儡湖、鳗鲡湖等小型湖泊，与阳澄湖一起构成阳澄湖群。

◆ **气候及水文**

阳澄湖地区属亚热带季风气候，四季分明。年平均气温 16.0～18.0℃，年降水量 1100～1150 毫米。阳澄湖平均年出湖径流量 7.5 亿立方米，平均水深 1.9 米，蓄水量 3.7 亿立方米。年平均水温 16.1℃，1 月平均水温 4.5℃，7 月平均水温 25.3℃。20 世纪 60～70 年代，阳澄湖及其周围湖群因围湖种植和养殖，湖泊面积减少 6%，消失或基本消失的湖荡有 165 个，合计面积 22 平方千米，其中以西阳澄湖最为突出。

◆ 特产及风景

阳澄湖因盛产清水大闸蟹而闻名，也因京剧《沙家浜》"朝霞映在阳澄湖上，芦花放稻谷香岸柳成行……"而美名远播。1994年批准为省级旅游度假区。北湖滨有新石器时代草鞋山古文化遗址。莲花岛位于阳澄湖中央靠北，面积约3平方千米，形似盛开的莲花，是餐饮、娱乐、会务、休闲为一体的休闲度假胜地，为苏州市十大乡村生态旅游景点之一。阳澄湖大闸蟹又称金爪蟹，蟹身不沾泥，俗称清水大闸蟹。阳澄湖大闸蟹有青背、白肚、黄毛、金爪四大特点，含有多种维生素，其中维生素A高于其他陆生和水生动物。建有阳澄湖大闸蟹生态馆。

洪泽湖

洪泽湖是中国江苏省西北部湖泊，中国第四大淡水湖，位于江苏省西北部，苏北平原中部西侧，淮安市、宿迁市两市境内，环湖为洪泽、淮阴、泗阳、泗洪和盱眙5县（区），湖面主要属洪泽区。南望低山丘陵，北枕废黄河，东临京杭运河，西接岗坡状平原。西纳淮河、东泄黄海、南往长江、北连沂沭，淮河横穿湖区，为淮河中下游接合部。流域面积16万平方千米，总库容130亿立方米。

淮安市洪泽湖风光

◆ **历史沿革**

秦汉以前，原为淮河干流流经，右岸多小型湖泊。汉代诸湖连并，湖面扩大。隋炀帝于大业十二年（616）乘舟南下江都游幸，时值干旱，经破釜塘时适逢大雨，乃改名洪泽浦，洪泽一名始于此时。唐代称洪泽湖。12世纪黄河南侵夺淮入海，黄淮汇合处清口严重淤塞，使黄河干支流来水蓄积其中，形成大湖。明、清二代一则防止湖水东溢，一则实行蓄清刷黄和蓄水济漕措施，屡次加筑大堤，以提高洪泽湖水位。20世纪50年代以来，又对洪泽湖大堤全面改建加固，堤顶高程已达19米，大堤设计防洪水位16米，校核防洪水位17米。洪泽湖历史上最高水位16.9米，发生在清咸丰元年（1851），因黄河决砀山、东溢六塘河，洪泽湖水位猛涨，礼坝（位于今三河闸南岸）被冲决，自此淮水由入海为主改为入江为主。

◆ **形成原因**

洪泽湖形成原因主要有3个：①地壳断裂形成的凹陷，是洪泽湖形成的自然因素，胚胎始于唐宋以前的小湖群。主要有富陵湖、破釜涧、泥墩湖、万家湖等。②黄河夺淮，是形成洪泽湖雏形的客观因素。南宋绍熙五年（1194），黄河决阳武，至梁山泊分为南北两支，南支与泗水合，南流入淮，此为黄河改道之始。至清咸丰五年（1855），黄河北徙，由利津入海，黄河夺淮长达近700年之久。由于黄河居高临下，倒灌入淮，黄淮合流，流量增加，水位抬高，将富陵湖、破釜塘等大小湖沼、洼地连成一片，汇聚成湖。③大筑高家堰（洪泽湖大堤），是洪泽湖完全形成的人为因素，也是决定性因素。

◆ 气候

洪泽湖属暖温带黄淮海平原区与北亚热带长江中、下游区的过渡带，湖区四季分明，无霜期 240 天，湖上风速大，年平均风速 3.7 米／秒，最大风速 24 米／秒，有明显的湖陆风，多为偏东风。因受季风气候的影响，洪泽湖降水量较为丰沛。年平均气温 14.8℃，1 月约为 1.0℃，7 月为 27.6℃。冬季遇强冷空气南下时湖面冰封，但最长不超过 30 天，沿岸冰厚可达 25 厘米。

◆ 水文

洪泽湖属过水性湖泊，水域面积随水位波动较大。南北最大长度 60 千米，东西最大宽度 58 千米。在正常蓄水水位 12.5 米时，面积达 2069 平方千米，容积 31.27 亿立方米。当湖水位达到 13.5 米时，湖区面积 2231.9 平方千米，相应库容 52.95 亿立方米，此时湖区面积基本与中国第三大淡水湖太湖相当。当湖水位 17 米时，防洪库容 135 亿立方米。最大水深 5 米，平均水深 1.5 米。湖底高程一般为 10 ～ 11 米，最低处 7.5 米左右。湖底高程高出东侧平原 4 ～ 8 米，所以又称为悬湖。

◆ 经济发展

洪泽湖湖面辽阔，历史悠久，资源丰富，既是淮河流域大型水库、航运枢纽，又是渔业、特产品、禽畜产品的生产基地，素有日出斗金的美誉，堪称镶嵌在苏北平原上的一颗明珠。洪泽湖鱼类共有 16 科 84 种，主要经济鱼类有 20 余种，虾、蟹为重要水产品。由于人工放养蟹苗成功，20 世纪 70 年代以来，螃蟹捕捞量增加到总捕捞量的 1/5，成为江苏省的螃蟹新兴产地。湖区有野鸭、獐鸡等野禽，尚有在此越冬的丹顶鹤、天鹅等珍稀动物。湖西侧浅水湖滩有水生植物 30 多种，盛产芦苇、菱草、芡实、莲藕、菱角等，其中芦苇分布面积约 40 平方千米，最高年产芦苇 5 万～ 8 万吨。沿湖渔港有高良涧、三河闸、老子山、临淮头、尚咀头和高渡嘴等。湖畔的洪泽盐矿已正式开采。

洪泽湖是淮河航线与京杭运河航线衔接的纽带，穿湖段正在建设 1000 吨级航道。洪泽湖大堤是宁淮公路必经地。为确保洪泽湖大堤的安全，将于苏北灌溉总渠北侧，从二河开始新辟入海水道，分泄淮河洪水。洪泽湖环境优美，历史悠久，有万顷碧波、百里长堤、港坞帆墙、奠淮犀牛、泄洪大闸、老君遗踪、明陵石刻、墓园春晓、洪泽湖湿地公园等具有文化古韵与历史传说的自然旅游景点。

◆ 灾害与治理

1950 年以来，相继建成三河闸、高良涧进水闸、苏北灌溉总渠、二河闸、淮沭河及洪泽湖大堤和里运河堤防加固工程，保证了湖东广大低平原的防洪安全。从此，淮河下游广大地区改变了历史上长期遭受洪涝威胁的局面。东侧平原广大农田的灌溉水源得到了相应的改善，每年由灌溉总渠输出的水量 70 亿～ 140 亿立方米，可灌溉洪泽、淮安、阜宁及滨海等市县农田 120 万公顷，其中自流灌溉已发展到 26.7 万公顷。

巢　湖

巢湖是中国五大淡水湖之一，安徽省第一大湖泊，位于安徽省境中部，由合肥市、巢湖市、肥东县、肥西县、庐江县二市三县环抱，东西长 54.5 千米，南北平均宽 15.1 千米，湖岸线最长 181 多千米，最大水域面积约 825 平方千米，最大容积 48.10 亿立方米，深度 0.98～7.98 米，流域面积 12938 平方千米。湖水主要靠地面径流补给，集水范围包括合肥市、巢湖市、肥东县、肥西县、庐江县、舒城县、无为县等市（县）。有河流 35 条从南、西、北 3 面汇入湖内，其中较大的河流有杭埠河、白石天河、派河、南淝河、烔炀河、柘皋河、兆河等。湖水在巢湖市城关流出，经裕溪河向东南流至裕溪口后，注入长江。

巢湖及其流域地貌的主要轮廓是由中生代燕山运动和新生代喜马拉雅运动形成。由于其处于几个次级地貌单元的交汇地带，各地貌单元均有独立而又彼此影响的发展过程，反映在地貌形态上具有明显的区域性差异。地貌类型主要有滨湖地貌、湖岸地貌和湖盆地形 3 大类。滨湖地貌包括北部剥蚀丘陵阶地区、东部构造剥蚀低山区和西部剥蚀垄丘阶地区。湖岸地貌则依据其形态结构的不同分为石质湖岸、砂土质湖岸、黏土质湖岸和沼泽湖岸。湖盆较为平坦，地势西北高、东南低，深水区集中在东部，湖底海拔 5 米；西部湖床较东部浅，湖底海拔一般在 5.5 米以上。入湖河口大多发育水下三角洲，尤以杭埠河一带最为显著。属北亚热带温润性季风气候，气候温和，雨量适中，季风显著，四季分明，热量条件丰富，无霜期长。流域年平均气温 15～16℃，活动积温在 4500℃ 以上，无霜期 200 天以上，季节分明，气温年较差 25℃ 以上，平均年降水量 1000 毫米等值线通过区境。

为全国十大商品鱼类的生产基地之一。名优水产银鱼、秀丽白虾、湖蟹，被誉为"巢湖三鲜"。湖鲚、红鲌、青鱼、草鱼、鲢鱼、鳙鱼、鲤鱼、鲫鱼等是巢湖优质鱼种。水生植物种类丰富，有芦苇、荻、茭笋、红草、酸模叶蓼、水蓼等挺水植物，以及浮叶植物和沉水植物。巢湖沿岸大面积的水田和沼泽地可见多种鸟类活动，冬季和春季以扇尾沙锥、凤头麦鸡和红脚鹬鹆为优势种，白腰草鹬、林鹬、青脚鹬、泽鹬、乌脚滨鹬、尖尾滨鹬、红嘴鸥等为常见种，苍鹭、大白鹭、赤麻鸭、灰斑鸻、大沙锥、针尾沙锥等为稀有种；夏季以池鹭为常见，偶见小白鹭、剑遗址鹭、灰头麦鸡等。沿湖风景优美，有姥山、文峰塔、圣妃庙、古船塘遗址、鞋山、中庙、四顶山、巢湖闸、牡丹花、仙人洞、笑泉、偃月城等。

巢湖风景

鄱阳湖

　　鄱阳湖是中国最大的淡水湖，长江中、下游大型吞吐湖，古称彭蠡、彭泽、彭湖。位于江西省北部，长江以南。隋代彭蠡湖向南扩展到鄱阳县境内，始称鄱阳湖。鄱阳湖水系完整，纳赣江、抚河、信江、饶河和修水五河及博阳河、漳田河、清丰山溪、潼津河等河流来水，调蓄后经湖口汇入长江。流域面积 16.22 万平方千米，约占长江流域面积的 9%。

◆ 演变过程

　　鄱阳湖区第三纪时是一巨大盆地。喜马拉雅运动期，西侧断裂上升为庐山，东侧陷落为鄱阳湖入江水道。第四纪时，鄱阳湖区再度下沉。六七千年前的全新世冰后期海侵时，沿江平原洼地和鄱阳湖区潴水成湖即古彭蠡泽。古长江在今长江以北鄂、皖两省的龙感湖、大官湖一带穿泽东下。古赣江纳江西诸水，经湖口沿今长江东流，在彭泽以下汇入古长江。此后，长江南移夺赣江古道，彭蠡泽淤积。长江分泽为南、北两水域，北部水域为今湖北、安徽间诸湖泊，南部水域即鄱阳湖。20世纪50年代以来，鄱阳湖水面逐渐缩小。1998年后，实施平垸行洪、退田还湖、移民建镇等治水方略，湖面面积得到恢复。

◆ **自然环境**

鄱阳湖水系东、南、西三面环山，中部和北部为丘陵、平原。地势南高、北低，沿边缘向湖倾斜。湖面以都昌县和永修县吴城镇之间的松门山为界，分为南、北两湖。南湖又称官亭湖、族亭湖，湖面宽阔，为主湖道；北湖又称落星湖、左蠡湖，湖面狭长，为入江水道。

鄱阳湖形似葫芦，南北最大长度173米，东西最大宽度74千米、最小3千米，平均宽18.6千米，平均水深7.38米。湖盆自东向西、由南向北倾斜，湖底高程由10米降至湖口黄海基面以下1米。湖口水位20.75米时（黄海基面），湖面面积5100平方千米，容积365亿立方米；湖口水位4.06米时，面积103平方米千米，容积4.5亿立方米。水位的变化导致湖面面积、容积的变化，呈现高水是湖、低水似河，洪水一片、枯水一线的独特形态。湖区由水道、洲滩、岛屿、内湖和汊港组成。赣江自南昌以下分为4支，主支在吴城与修水汇合，进入湖北部，为湖区西水道；南、北、中3支与抚河、信江、饶河均先后汇入湖南部，为湖区东水道。东、西水道在褚溪汇合为入江水道。洲滩分为沙滩、泥滩和草滩 3 种。沙滩多在水位 14 米以下，面积约 1895 平方千米；草滩多在 14～18 米，面积约 1235 平方千米。全湖现有岛屿 25 处，共 41 座，中、低水位时多为滩丘，面积约 100 平方千米。内湖出现在枯水期，中、高水位时与大水面连成一片，主要分布在东、南、西部；汊港多分布于入江水道东岸，主湖区北岸和东北、东南湖隅，主要汊港共约 20 处。

◆ 水文特征

鄱阳湖属亚热带湿润季风气候区，气候温和，雨量充沛。流域内多年平均气温 17℃ 左右，多年平均年降水量 1542 毫米，4～9 月降水量占年总量的 69.4%，且自东南向西北逐渐减少，北部庐山受地势影响降水量达 1960 毫米。降水时空分布不均，易形成洪旱灾害。赣江、抚河、信江、饶河和修水五河多年平均入湖年径流量 1285.7 亿立方米，多年平均出湖年径流量 1468 亿立方米，4～9 月径流量占全年 69%，其中 4～7 月占全年 53.8%。鄱阳湖水系多年平均年入湖输沙量 1.86×10^{10} 千克，其中赣江、抚河、信江、饶河和修水五河多年平均来沙 1.51×10^{10} 千克，赣江最多，信江次之。入湖泥沙集中于赣江、抚河、信江、饶河和修水五河 4～7 月时的大汛期，为年总量的 79.3%；出湖泥沙集中于长江大汛期之前的 2～6 月，占年总量的 90.4%。通过湖口进入长江的出湖泥沙年平均值为 9.38×10^{9} 千克；淤积于湖中的泥沙年平均为 9.22×10^{9} 千克，占入湖沙量的 49.6%。

鄱阳湖 4～9 月为汛期，10 月至次年 3 月为枯水期。受鄱阳湖水系和长江洪水双重影响，高水位时间长。每年 4～6 月，湖水位随鄱阳湖水系洪水入湖而上涨，7～9月因长江洪水顶托或倒灌而维持高水位，10月才稳定退水。有77.8%的年份最高水位出现在6～7月，有79.3%的年份最低水位出现在12月至次年1月。多年平均水位11.36～13.99米，最低水位3.99～10.25米，最高水位20.68～20.71米；水位年变幅最大为9.59～14.85米，最小为3.54～9.59米。汛期可削减洪峰量或滞后洪峰，从而减轻长江的洪水威胁。但由于江水倒灌入湖仅偶有发生，持续期不长，故总体而言，鄱阳湖对长江水量的调剂作用有限。赣江、信江、修水、抚河、饶河诸河经鄱阳湖汇注长江，其中以赣江航道最重要，古来即为五岭南北通往长江中、下游各地的水运要道。

鄱阳湖流域是江西省大风的集中地区，多年平均风速3.01米/秒，历年最大风速34米/秒。6～8月盛行南风或偏南风，其他月份均为北风或偏北风。秋冬时期，湖东南岸地区的绝对湿度和降水量均有增加，同时形成湖浪。主要大浪区有鞋山、老爷庙、瓢山三湖区，实测波浪高度约2米，波浪爬高4.81米，大风可引起涌浪，使湖面倾斜，北风引起北岸水位降低，南岸水位升高；南风则反之。

◆ **流域经济**

20世纪50年代以来，鄱阳湖取代了洞庭湖成为中国最大淡水湖。为中国淡水渔业主要基地之一。鱼类有90余种，以鲤、鳙、鲫、鲌、鳊、鳜、鲶、鲭等较多，以鲥、银鱼著名。沿湖盛产菱、芡、莲、藕、芦苇等。野禽有凫、雁、天鹅、鸨、鸥、鹭等，此外又引进了水貂、海狸、麝香鼠、牛蛙、毛蟹及珍珠贝等。在永修县、南昌市新建区、庐山市星子镇一带湖面，常有丹顶鹤、天鹅等珍禽栖息。为保护候鸟，1983年成立鄱阳湖自然保护区，1988 年晋升为江西鄱阳湖国家级自然保护区。鄱阳湖平原为全国重要商品粮基地之一。重要城市有南昌市、九江市、景德镇市、抚州市等。鄱阳湖入江水口附近的大姑山（又称鞋山），湖口的石钟山，婴子口附近的"蛤蟆石"均为著名旅游胜地。湖西岸的庐山是全国重点风景名胜区。

南四湖

南四湖是中国第六大淡水湖泊，山东省境内的第一大淡水湖泊，位于山东省微山县境内，是南阳湖、独山湖、昭阳湖和微山湖 4 个相互连贯湖泊的总称。沿西北—东南方向延伸，外形如哑铃状。湖泊南北长 126 千米，东西宽 5～25 千米，平均水深 1.46 米，最大水面面积约 1266 平方千米．

南四湖湖盆位于地质构造的凹陷区，发育在巨型古黄河冲积扇、洪积扇和鲁西南泰、沂山地两大地貌单元衔接处的低洼带。湖泊东、西、北 3 面承纳苏、鲁、豫、皖 4 个省 32 个县（市、区）入湖河流 53 条，流域面积 30453 平方千米。湖泊上游大部分位于济宁市辖区内。湖水在南部经韩庄闸、尹家河闸及蔺家坝闸的调控，向南泄入淮河，最终注入黄海，属淮河水系。多年平均水资源量 16.76 亿立方米。

湖中水生动植物资源丰富，天然鱼类饵料丰富。湖中有鱼类 8 目 16 科 53 属 78 种，年产量均在万吨以上。南四湖湿地为鸟类提供了良好的栖息场所，有鸟类 196 种，包括大天鹅、大鸨、长耳鸮等 11 种国家重点保护野生动物，被国家列为重点保护湿地。盛产苇、菰、芡实、菱、莲等水生植物，以及甲鱼、毛蟹、四鼻鲤鱼、乌鳢、麻鸭等水生动物。微山湖国家湿地公园是亚洲最大的草甸型湿地公园，被列为国家AAAA级旅游景区。南四湖是南水北调东线工程山东段中的重要输水通道和调蓄湖泊。

南四湖风光

东平湖

东平湖是中国山东省境内的第二大淡水湖，位于山东省泰安市东平县，由黄河泛滥潴水而成，是黄河下游主要滞洪区。湖面海拔43米，最深4.9米，面积197平方千米，总容积40亿立方米。东平湖连同其南部的马踏湖、南旺湖、蜀山湖和马场湖总称为北五湖，与南四湖相对应。南水北调东线工程经泵站逐级提水进入东平湖后，水分两路，一路向北穿黄河后自流到天津市；另一路向东经胶东地区输水干线接引黄济青渠道，向胶东地区供水。

湖水水源主要为大清河。西有石洼、十里堡等进湖闸，可直接提闸引黄河水入湖；南有流畅河接京杭运河直通南四湖；北有陈山口等出湖闸可将湖水泄入黄河。1958年修建东平湖水库，又称二级湖，主要承担纳蓄大汶河洪水和黄河滞洪任务。湖区分旧湖区和新湖区两部分，其面积分别为209平方千米和418平方千米。东平湖水库仅供黄河、大汶河特大洪峰时蓄洪之用，平时无水，均为农田。

东平湖湖内水质肥沃、水源充沛、渔业资源丰富。湖中有水生植物约 40 种，主要为罗氏轮叶黑藻、菰、菱、芡实、苇、香蒲等；富水产，主要经济鱼类有鲤、鲫、长春鳊、乌鳢、鳜、翘嘴鲌和红鳍鲌等。东平湖南有梁山，相传北宋末年宋江领导的农民起义军曾以此为根据地，主峰虎头峰有宋江寨等遗址。湖西岸有腊山老虎洞、昆山马跑泉、司里山千佛崖等名胜。

东平湖日出

洪　湖

洪湖是中国第七、湖北省第一大淡水湖。位于湖北省南部洪湖市和监利县之间，主体在洪湖市中略偏西腹地，小部分在监利县境内。东与长江以宽 4～8 千米的自然堤相隔，内荆河－内河在北面成弧状绕流。湖面海拔 25 米，与湖周围地面相差仅 1～2.5 米。湖面北宽南窄，略呈三角形。由人工节制，常年水位 25 米。湖长 23.4 千米，平均宽 14.7 千米，面积 344 平方千米，平均水深 1.91 米，储水量 6.58 亿立方米。属亚热带季风气候，四季分明，降水充沛，热量

洪湖

丰富，雨热同期。7 月平均气温 28.9℃，1 月平均气温 3.8℃，多年平均气温 16.6℃，无霜期 266.2 天。降水量的年内分配集中在 5～8 月，占全年降水量的 51.6%，5～6 月为梅雨期。主要自然灾害有洪涝、干旱、雹灾和冰灾。

湖底平坦、淤泥肥沃，气候温和，水深适度。多见有菱、莲、藕、蒿草、芦苇、芡实、苦草、蒲草、黄丝草、金鱼藻、马来眼子菜、轮叶黑藻等水生植物。有维管束植物 116 科，303 属，472 种 21 变种 1 变型种，其中有国家 I 级保护植物水杉，有银杏、翠柏、马蹄参、青檀、半枫荷、野大豆、八角莲、紫茎、银钟花 9 种国家 II 级保护植物。鱼类资源丰富，有常见的青鱼、鲢鱼、鳡鱼、鲤鱼、鲫鱼、黄鳝、乌鳢、鳜鱼等鱼类，另有国家 I 级保护动物中华鲟和白鲟，国家 II 级保护动物胭脂鱼和鳗鲡，有省级重点保护鱼类太湖短吻银鱼和鳤。动物资源丰富，有国家重点保护动物黑麂、獐、白鹳、黑鹳、中华秋沙鸭、白尾海雕、白肩雕、大鸨、白额雁、大天鹅、小天鹅、白琵鹭、鸳鸯、鸢等。特色产业为水产业，发展精养鱼池和大湖圈养，养殖的水产品为大规模名特优水产品，经营方式发展到公司和企业、集团大规模集约经营的大生产模式。交通便利，陆路可直通沪渝、京珠和 107 国道、318 国道，以及京广铁路、京九铁路，汉洪东荆大桥。

长 湖

长湖又称官船湖，位于湖北省境中南部，地跨荆州市、荆门市、潜江市三个市，西起荆州市荆州区龙会桥，北至荆门市沙洋县后港镇，东至沙洋县毛李镇蝴蝶嘴，南抵荆州市沙市区观音垱。由庙湖、海子湖、太泊湖、瓦子湖等组成，湖面面积 131 平方千米，属于河间洼地湖（岗边湖）。湖北省内河航运的重要组成部分。上接沮漳河水，下以内荆河为出水道，与长江、汉江间诸湖相通，于洪湖市新滩口汇入长江。位于江汉平原沉降带相对低洼地区，构造格局呈西北—东南向，地势西北高、东南低，周边高中间低。属亚热带大陆性季风气候，冬冷夏热，四季分明，光照充足，无雾期长。多年平均气温 16.6℃。暴雨时空分布不均，主要集中在 4～9 月，占全年降水的 73% 以上。主要自然灾害为洪涝灾害和旱灾。长湖湿地有鸟类 133 种、鱼类 57 种、两栖类 6 种、爬行类 12 种、兽类 13 种、浮游动物和底栖动物 477 种。其中，有国家 I 级保护动物白鹳、黑鹳、中华秋沙鸭、白尾海雕、白肩雕、大鸨、黑鹿 7 种；国家 II 级保护动物白琵鹭、白额雁、大天鹅、小天鹅、鸳鸯、鸢、

长湖

松雀鹰、草鸮、虎纹蛙、胭脂鱼、鳗鲡等 17 种。为四湖总干渠渠首，具蓄洪、灌溉、养殖、航运之利。交通便利，沿湖堤建有三座船闸，襄荆高速公路跨越湖区。

洞庭湖

洞庭湖是中国第二大淡水湖，位于湖南省北部，长江中游荆江河段南岸。地理坐标为北纬 28° 36′～29° 30′，东经 111° 44′～113° 08′。

跨岳阳、汨罗、湘阴、沅江、汉寿、常德、安乡、南县、华容等县（市）。

洞庭湖北纳长江支流松滋、太平、藕池、调弦四口来水，南和西接湘江、资江、沅江、澧水四水及汨罗江等小支流，由岳阳市城陵矶注入长江。

洞庭湖风光

◆ 名称由来

有关洞庭湖的名称，历来有许多说法。在《史记》《周礼》《尔雅》等古书上都有"云梦"的记载。梦，是当时楚国方言"湖泽"的意思，与"漭"字相通。"春秋昭元年，楚子与郑伯田于江南之梦"又云："定四年楚子涉濉济江，入于云中。"《汉阳志》载有："云在江之北，梦在江之南。"统称云梦。当时的云梦泽面积曾达4万平方千米。《地理今释》载："东抵蕲州，西抵枝江，京山以南，青草以北，皆古之云梦。"司马相如的《子虚赋》说："云梦者，方九百里。"到了战国后期，由于泥沙的沉积，云梦泽分为南北两部，长江以北成为沼泽地带，长江以南还保持一片浩瀚的大湖。自此，这片大湖名称改为洞庭湖。洞庭一名源于湖中有一著名的君山，君山原名洞庭山。"洞庭"二字首见于屈原著《楚辞·九歌·湘夫人》中。地方志《湘妃庙记略》中载："洞庭盖神仙洞府之一也，以其为洞庭之庭，故曰洞庭。后世以其汪洋一片，洪水滔天，无得而称，遂指洞庭之山以名湖曰洞庭湖。"

◆ 形成演变

《山海经·海内东经》载："湘水出舜葬东南陬，西环之，入洞庭下。"屈原《离骚》载："邅吾道兮洞庭。"自古以来，洞庭湖就为五湖之首，是中国水量最大的通江湖泊，在自然因素和人为因素的相互作用、相互制约下，洞庭湖经历了由小到大、再由大到小的演变过程。

洞庭湖在地质构造上属中生代燕山运动产生的一个凹陷盆地。洞庭湖底第四纪沉积物之下，普遍发育白垩纪—老第三纪红层，表明当时湖区为沅-麻盆地的东延部分。在晚第三纪，湖区全面上升为陆。第四纪初，洞庭湖四周抬升，中部断陷，形成断陷盆地。这时湖区范围很大，北到华容、石首，东至岳阳、汨罗，南达益阳、桃源，西抵常德、临澧。周、秦以前，为古云梦泽的一部分，南连长江，北接汉水，方圆九百里。至两汉时期，长江主流已位于荆江附近，湖的中心则在长江以南。晋代前后已有湖堤，束水垦殖，长江与湖水逐渐分离。南宋时，荆江大堤筑成，大江与湖之间仅保留有九穴十三口，以便向湖区排泄江洪。明代荆州大堤的郝穴口被堵，江北大堤连成一体，江南尚有太平、调弦二口，分泄江水入湖。清道光五年（1825）江水冲开藕池口，面积约6000平方千米。同治十二年（1873）又冲开松滋口，泥沙随江水入湖，湖面开始逐渐缩小，出现了南县、白蚌、草尾等沙洲和湖滩地，围垦争地日渐增大，湖面缩小近三分之一。1890年为540平方千米，1932年为4700平方千米，1960年为3141平方千米。1983年实测湖泊面积为2691平方千米，水深30.8米，容积174亿立方米。20世纪90年代末，面积2579.2平方千米，湖盆周长803.2千米，总容积220亿立方米。其中，天然湖泊容积 178 亿立方米，河道容积 42 亿立方米。后洞庭湖面积已减至 2625 平方千米，昔日"八百里洞庭"已被分割成许多大大小小的湖泊。

◆ **湖域划分**

洞庭湖大致可分为东洞庭湖、南洞庭湖、西洞庭湖 3 部分。①东洞庭湖。位于华容县墨山铺、注滋口，汩罗市磊石山与益阳市大通湖农场之间。滨湖区有岳阳市市区的岳阳楼区和君山区，还包括华容县、钱粮湖农场、君山农场、建新农场、岳阳县，湖泊面积 1327.8 平方千米，包括漉湖与湘江洪道。1988 年，东洞庭湖被列入国家重点风景名胜区——洞庭湖–岳阳楼风景名胜区。②南洞庭湖。地跨岳阳市境与益阳市境，包括赤山与磊石山以南诸湖泊，以及岳阳市境滨湖区的湘阴县和屈原管理区。湖泊面积 920 平方千米。界于东、西洞庭湖之间，主要有东南湖、万子湖和横岭湖。横岭湖位于湘阴县北部，由大大小小 24 个常年性湖泊和三大片季节性洲土组成。③西洞庭湖。地跨益阳市境和常德市境，指赤山湖以西诸湖泊。到 20 世纪仅存七里湖和目平湖。湖泊面积 443.9 平方千米。有澧水流经其西北部，沅江流经其西南部，松滋河、虎渡河及藕池河西支诸水自北部注入，有通外江湖的河湖面积约 520 平方千米。环湖的汉寿县、安乡县、鼎城区、澧县、津市市、桃源县、临澧县、武陵区的平原区被称为西洞庭湖区，有吴淞海拔 51 米以下的平原河湖面积 6285 平方千米。西洞庭湖早期为赤沙湖的一部分。经历代治理，西洞庭湖区的天然湖泊面积已缩减至 520 平方千米，能与东、南洞庭湖通流的湖泊仅剩目平湖和七里湖。

◆ 水文水系

洞庭湖湖底地面自西北向东南微倾。湖区年平均温度 16.4 ～ 17℃，1 月平均温度 3.8 ～ 4.5℃，绝对最低温度 -18.1℃（临湘 1969 年 1 月 31 日）。7 月平均温度 29℃。洞庭湖起蓄洪调节长江水位、确保荆江安全的作用。湖水在岳阳城陵矶泄入长江，号称"容纳四水，吞吐长江"。湘江、资江、沅江和澧水"四水"的入湖水量占入洞庭湖总水量的 58%（其中沅江最大，占 23%），松滋、太平、藕池、调弦"北四口"来水占入洞庭湖总水量的 42%（其中藕池河最大，占 18%）。每年 4 ～ 6 月，湘江、资江、沅江和澧水四水流域雨季集中，洞庭湖进入汛期；7 ～ 8 月，长江洪峰到达，南北顶托，洞庭湖进入高洪水位阶段。年平均总入湖水量约 2500 亿立方米，总出湖水量约 2140 亿立方米。出入湖总水量之比为 1.04 ～ 1.15，二者接近，分别占全湖水量总收支的 90%。每年 4 ～ 9 月为湖水盛涨期，进水量大于出水量，部分来水贮留湖内，湖面扩大，水位上升；12 月至次年 3 月为枯水时，出水量大于进水量，水位低落，湖面缩小。

◆ 鱼米之乡

洞庭湖是中国传统农业发祥地，是著名的鱼米之乡，是湖南省乃至全国最重要的商品粮油基地、水产和养殖基地。洞庭湖自古为淡水鱼著名产地。唐代著名诗人李商隐作《洞庭鱼》诗中有："洞庭鱼可拾，不假更垂罾。闹若雨前蚊，多如秋后蝇。"可见鱼之多。今盛产鲤、鲫、鳙、鲢、鳊、鳜、银鱼、凤尾鱼和虾、蟹、龟、鳖、鳝、鳗、鳅、蚌等百余种水产，还有 40 余种贝类资源，以及珍稀物种白鳍豚。洞庭湖中最大的鱼是鲟鱼，重量 200～300 千克；最小而又最名贵的鱼是银鱼。据清代《巴陵县志》中载："银鱼出艑山、君山湖中，小才盈寸，眼见黑点者佳，以火焙之，胜日干者。他处出面条鱼，长二、三寸至四、五寸则贱物矣。一年冬夏产之，夏水热不如冬美。"据传，清雍正、乾隆二帝先后游江南时，均曾品尝过银鱼，评价甚高。银鱼嬉游于清水草滩的缓流之处，银白透明，呈圆条状，无鳞无刺，肉质细嫩，蛋白质含量丰富，味极鲜美。

洞庭湖中的君山不仅风景佳丽，而且有许多名产奇珍。洞庭湖的湖中湖——莲湖，盛产驰名中外的湘莲，颗粒饱满，肉质鲜嫩，历代被视为莲中之珍。还有闻名遐迩的君山茶；君山银针茶因形细如针而得名，属黄茶，最适合在茶树刚冒出一个芽头时采摘，经过晒茶、揉茶、烘干等十几道工序制成。湖中洲、渚众多，盛长芦苇。沿岸为冲积平原和湖漫滩地，土壤疏松肥沃，已围垦成众多堤垸，为重要农垦区，盛产稻谷、棉、麻、油菜。

◆ 人文风情

湖南省有个"湖"字，湖湘文化也有个"湖"字，湘学又是"湖湘学"的简称。这些"湖"字都与洞庭湖有关，其得名都源于洞庭湖。探讨湖湘文化的源头离不开屈原，研究屈原又离不开洞庭湖或者洞庭湖流域。从楚国屈原被放逐到沅湘时起，洞庭湖成为流放的目的地。在此后的漫长历史阶段，湖湘地区因远离中原传统文明核心区，与岭南、西域、东北等地区作为中原王朝远谪和流放政治对手的场所。流放不始于屈原，但屈原被放逐，尤其是被流放到沅湘地区之后，他的一系列创作成为汉民族文艺的总根源之一。"屈骚"成为中国文化南方理想浪漫主义的流派始祖。楚顷襄王时，屈原第二次被流放，在楚江南沅湘地区生活了 10 年之久，他的许多著作皆写成于湖区，这些不同时期的历史人物虽处境不一、遭遇不同，但都具有一个共同的特点，那就是政治上失意、忧谗畏讥，处在人生道路的低谷。唐·张说有《游洞庭湖》诗，孟浩然有《望洞庭湖赠张丞相》诗，宋·范仲淹在《岳阳楼记》载："予观夫巴陵胜状，在洞庭一湖。衔远山，吞长江，浩浩汤汤，横无际涯；朝晖夕阴，气象万千。"他们个人的遭遇大多与当时的社会变革大环境息息相关，除在个人生活上受到磨难的同时，心理上还承受了国家前途、民族存亡的巨大考验。在这种情况下，这一批文人成为湖湘文化的开创者，也成为湖区人文积淀的宝贵财富。

◆ 旅游资源

洞庭湖是历史上重要的战略要地，是楚文化的摇篮，也是中国传统文化发源地。在历史的长河里，留下许多名胜古迹。岳阳楼－洞庭湖风景名胜区，位于湖南省岳阳市区西北部，为国家级风景名胜区。包括岳阳楼古城区、君山、南湖、团湖、芭蕉湖、汨罗江、铁山水库、福寿山、黄盖湖等 9 个景区，总面积 1300 多平方千米。其中君山因其自然风光秀丽，春赏奇花异草、夏观浩瀚洞庭、秋赏渔歌秋月、冬观湿地候鸟而成为旅游度假的天堂、避暑休闲的胜地。君山古称洞庭山、湘山、有缘山，是八百里洞庭湖中的一个小岛，与千古名楼岳阳楼遥遥相对，总面积 0.96 平方千米，由 72 座山峰组成，被"道书"列为天下第十一福地，被列为国家级重点风景名胜区、国家 AAAA 级旅游区。除此之外，鲁肃墓、慈氏塔、城陵矶、金门刘备城等古文化景观也颇为著名。鲁肃墓是东汉末年东吴功勋卓著的政治家、军事家鲁肃之墓，于岳阳楼以东约500 米处；坟冢耸立如丘，高 8 米，直径 32 米，占地面积 800 平方米；墓前立石碑坊，坊柱上刻的一幅贤语为："扶帝烛曹奸，所见在荀彧上；侍吴亲汉胄，此心与武侯同。"墓前竖石碑一块，文为"吴鲁公肃墓"，系光绪十五年（1889）巴陵知县周主德立；墓顶建小亭，有石级可达墓顶；墓于 1984 年重修。慈氏塔位于洞庭湖边西南，塔为砖石结构，楼阁式，八角七层，通高 39 米；宝塔巍然耸立，雄视洞庭湖，为"巴陵胜状"之一。塔为实心，这一宏伟的建筑体现着唐宋时期的艺术风格。城陵矶为长江中游第一矶，是长江中游水陆联运、干支联系的综合枢纽港口；是湖南省水路第一门户，国家一类口岸；位于岳阳市东北 15 千米江湖交汇的右岸，距市中心区 7.5 千米，当长江与洞庭湖交汇处，隔江与湖北省监利县相望。《水经注》载："江之右岸有城陵山，山有故城。"

邛 海

邛海是中国四川省第二大淡水湖。位于四川省西昌市东南 5 千米处，为构造断裂湖，属长江流域雅砻江水系。古称邛池、邛河。湖面海拔约 1510 米，呈葫芦状，沿西北—东南向延伸。南北长 10.3 千米，东西最宽5.6千米，湖面面积29平方千米。平均水深11米，最深为34米，储水量3.2亿立方米。邛海水源主要靠自然降水补偿，集雨面积770.4平方千米。进水河流主要有小箐河、官坝河、天鹅掌河，出水河道为海河。海河自邛海西北角流出后，在西昌城东和城西纳入东河、西河后转向西南注入安宁河，再经雅砻江汇入金沙江。盛产鱼虾30多种，是四川省著名的天然渔场，区域有天鹅、白鹤、鸳鸯等10多种鸟类。水温适宜，四季可游泳，是理想的水上运动场。湖滨广种水稻、小麦和蔬菜。湖西的泸山拔地而起、翠峰挺秀，海拔2817米。名胜有汉柏、唐柏和明桂等稀有古树，以及光福寺、蒙段寺、三教庵、祖师殿等庙观。

草　海

　　草海是中国贵州省最大的天然喀斯特淡水湖。位于贵州省西部威宁彝族回族苗族自治县县城旁。湖底海拔2170米，是横江的发源地。因水草丰茂，如层层绿毯远铺天际，故名草海。面积31平方千米，水深2～5米。

草海风光

　　形成于几百万年前。最初只是一些大大小小的岩溶洼地，水流由落水洞宣泄；后因特大洪水，山洪夹带大量泥沙草木将落水洞堵塞而积水成湖。以后又经过多次干枯和蓄水。1958年和1972年曾围湖造田，草海两度被排干，使美丽富饶的草海一度消失。1982 年开始恢复草海，在湖区北口建筑了土坝并蓄水，今已恢复旧观。湖中生物资源丰富，水禽有鹤、鹅、雁、鸭、鹭、鸮等。其中，黑颈鹤是世界唯一的高原珍稀鹤类，也是中国的特有种，每年在青海产卵孵雏，大部在草海越冬；威宁细鱼是全国有名的特产。草海湖水碧绿，气候温凉，盛夏不热，为避暑游览胜地。

滇　池

滇池是中国云南省最大的淡水湖泊。位于云南省昆明市南部及西部，包括五华区、盘龙区、官渡区、西山区、呈贡区、晋宁区及嵩明县的部分地区。湖泊轮廓为弓形，南北长 40 千米，东西平均宽 7 千米，最宽处约 12 千米。水位在 1887.1 米时，湖面面积 309.5 平方千米。湖岸线长 163.2 千米。湖水北浅南深，平均水深 5.3 米，最大水深 11.2 米。古名镇南泽、昆明湖，俗称昆明海子，别称昆池、滇海。据《华阳国志》载："滇池县，郡治。故滇国也。有泽水、周围二百里所出深广，下流浅狭，如倒流，故曰滇池。"

滇池水系发达，主要入湖河流 29 条，这些河流多发源于流域北部、东部和南部的山地，以及滇池上游的松华坝水库和几个大中型水库，呈向心状流入滇池，成为滇池的主要水源补给。集水总面积 2920 平方千米，流域面积大于 100 平方千米的河流主要有盘龙江、宝象河、洛龙河、捞渔河、大河、柴河、东大河、新河等 8 条，其中最长的河流为盘龙江

（120千米）。滇池为新生代受新构造运动断陷而成的构造湖，湖底平坦，底部由北向南微倾。湖水向西南部海口排出，排水口以下称螳螂川，中下段改称普渡河，在禄劝彝族苗族自治县与昆明市东川区界线的北端注入金沙江。滇池平均年出水量3.91亿立方米，2007年掌鸠引水工程完工向昆明供水后，湖水进出水量有所增加。

昆明滇池

滇池具有灌溉、供水、航运和发展渔业之利，并有调节昆明气候的作用。滇池沿岸，滇池大坝、西山、大观楼、观音山、白鱼口等地风景极佳，冬无严寒、夏无酷暑，为著名的旅游和疗养胜地。在每年的滇池开渔节上，会举办渔文化和古滇文化交融的大型活动。由于人类对滇池流域的不合理开发利用，致使滇池受污染严重，其透明度仅0.2～1.5米，pH值8.62，矿化度362毫克/升，总硬度8.41德国度。20世纪80年代至90年代后期，湖水已达严重富营养化，水质渐变为劣V类。后经采取补水等治理措施，2016年滇池全湖水质从劣V类提升为V类，2019年全湖水质提升为IV类。

抚仙湖

抚仙湖是云南省第三大湖和最深的淡水湖，又称澄江海子。古称大池、罗伽湖。位于云南省玉溪市东北部，跨澄江市、江川区、华宁县交界处，主体在澄江市境内。

抚仙湖集水面积 1053 平方千米，容水量 191.4 亿立方米。水位海拔高度 1722 米时，湖水面积 212 平方千米。南北长 31.5 千米；东西较窄，最宽处 11.3 千米，最窄处 3.2 千米。湖泊平均水深 87 米，最深点 157.8 米，为云南省第一深水湖，中国第三深水湖。湖水深蓝清澈，透明度达 7～8 米，pH 值 8.86，总硬度 8.16 德度，水质好，污染轻，矿化度 238.99 毫克 / 升。2011 年，抚仙湖水质为 I～II 类，I 类水占三分之二水域。

抚仙湖风光

湖泊属于小江深大断裂的南部分支，基岩由古生代为主的砂岩、页岩、石灰岩组成，为断陷、深水湖盆。东西两侧为断层崖及断块山地，湖岸多石质，近岸有陡坡下降湖底，底部较平缓，南北岸接连湖积平原为砂、泥质。属亚热带季风气候，湖面附近年平均气温 15.6℃，平均年降水量 953 毫米；最热 8 月平均气温 22.3℃，最冷月 1 月平均气温 12.7℃；多年平均蒸发量 1274.8 毫米。湖水以大气降水及地下水补给为主，无大河水源补给。入湖河流均短小，如梁王河、东大河、西大河、尖山河及东西龙潭形成的溪流等。原星云海湖水经过海门河汇入抚仙湖，后经人工隔断不再向湖内供水。湖水由东部的海口河（清水河）排出，向东注入南盘江。湖水贫营养至中等营养，水产不够丰富，主要鱼类有白鱼、抚仙金线鲃、杞麓鲤、抚仙鲇、格氏鲇、抚仙鲤、鳞胸裂腹鱼、长须盘鮈、褚氏云南鳅与云南光唇鱼等，另有鲢鱼、鳙鱼、华南鲤、青鱼、草鱼、太湖银鱼等引进鱼种。受人为因素影响，水量及水质有一定变化，通过扩大湖岸边的湿地、拆除岸边违章建筑、限制海门河的入湖水体等措施，水质受污染程度减轻，I 类水所占比重加大。湖中有孤山岛风景区，湖西岸有玉笋山及禄充、碧云寺等名胜。

洱　海

洱海是中国云南省第二大高原淡水湖。位于云南省大理市。古称叶榆泽、昆弥川。汉称昆明湖，唐称西洱河。因湖形如人耳而得名。

洱海秋景

洱海属断陷构造湖，受新构造运动影响相对下降而成。湖盆基地的围岩为元古代苍山群与下古生代的变质岩和沉积岩，夹有片岩、片麻岩、混合岩、大理岩及灰岩砂页岩等。湖底由西向东倾斜，湖水东深西浅，西岸与北岸有大面积的冲积洪积扇和河流三角洲，东岸除几股小溪注入口处有小型三角洲外均为岩石湖岸。属亚热带高原季风气候，四季不明显，干湿季分明；年平均气温14.5℃，年平均降水量 1185.7 毫米；1 月平均气温 8.8℃，7 月平均气温20.1℃。集水区多年平均径流量 8.52 亿立方米，出湖水量 7.95 亿立方米。整个湖泊水质清澈，周围环境优异，湖水透明度 2.0 ～ 6.5 米，全湖平均透明度 3.37 米，pH 值 8.3 ～ 9.0，平均 8.5，矿化度 200 毫克 / 升。湖内生物资源丰富，有弓鱼（大理裂腹鱼）、细鳞鱼、油鱼、大理鲤、洱海鲤等，湖面多海鸥。

洱海南北长约 42.5 千米，东西平均宽约 6.4 千米，最宽处 8.4 千米，最窄处 3.4 千米。湖面水位在 1974 米时，面积 249.4 平方千米，湖岸线长 116.9 千米。平均水深 10.5 米，最大水深 20.9 米。蓄水量 28.8 亿立方米。洱海的水源以周围入湖河溪的径流为主，苍山积雪融水及地下水补给也占一定比例。洱海总汇水面积 2785 平方千米，发源于洱源县牛街乡北部山地的弥苴河为入湖的主要河流，北部入湖的河流还有罗时江、永安河；东部入湖河流较短小，有海潮河、云龙河、凤尾箐等；西部有流程短、比降大的霞移溪、万花溪、阳溪、茫涌溪、锦溪等苍山 18 溪纳入；东南部有波罗江汇入。西南岸的西洱河，是洱海的唯一出湖河流，流经下关至漾濞平坡村注入漾濞江（又称黑惠江，属澜沧江水系）。水能理论蕴藏量 26.9 万千瓦，已建 4 个梯级电站。洱海的开发利用主要有农业灌溉、水力发电、城镇供水、航运、渔业、旅游休闲等。湖内有三岛、四洲、五湖、九曲等名胜景点，湖岸冬暖夏凉，气候宜人，风景秀丽，全国闻名的蝴蝶泉即位于洱海之畔。洱海是大理风景名胜区的核心，建有大理苍山洱海国家级自然保护区。秋季，洱海会举办开渔节活动。

青海湖

青海湖是中国最大的内陆咸水湖，汉代称西海，又称鲜海、仙海。北魏时始名青海。蒙古语称库库诺尔，藏语称措温布，意均为青色的

湖，青海湖由此而得名。位于北纬 36° 32′ ～ 37° 15′，东经 99° 36′ ～
100° 47′。长轴呈北西西向，湖体长 104 千米，平均宽 68 千米，周长
360 千米，湖体水面高度和面积随季节、年际变化而波动，全新世以来，

水位下降，湖面缩小。湖面海
拔 3193 米，面积 4321 平方千米
（2010）。储水量约 739 亿立方米，
平均水深 17.6 米，最深达 31.4 米。
湖水含盐量 12.49 克 / 升，pH 值
9.1 ～ 9.4，属氯化钠质水。

青海湖风光

◆ **地质与地貌**

湖区处于几个地质构造单元的交汇地带：①东南部属加里东期的南
部祁连山槽背斜。②东部和东北部属前震旦纪的中祁连槽背斜。③南缘
为华力西 – 印支期的青海南山槽向斜。④西南面与柴达木台块和北昆仑
槽向斜东端相连接。距今 200 万～ 20 万年青海湖属外流淡水湖，与黄
河水系相通；13 万年前，由于新构造运动，周围山地强烈隆起，中新
生代由断块陷落成为内陆断陷湖盆。由于湖东部日月山的强烈上升隆
起，使原来注入黄河的倒淌河被堵塞，从而成为内流湖泊盆地。湖周山
地山麓地带的洪积扇、洪积阶地及入湖河流阶地相当发育。滨湖地带分
布有多条新、老环湖堤。湖东甘子河口到海晏湾以南分布有金字塔形和
新月形沙丘群。

青海湖中耸立岛屿 6 座：鸟岛、鸬鹚岛、海心山、新沙岛、老沙

岛和三块石岛。①鸟岛。又称小西山或蛋岛，位于布哈河口以北4千米处，属布哈河冲积滩地堆积物，全长1500米。鸟岛三面环水，东段宽大，西段狭窄，形似蝌蚪，岛坡度平缓，地表由沙土、石砾覆盖，西南边有几处泉水涌流，为鸟类提供了优越的栖息繁殖环境，是亚洲特有的鸟类繁殖地、中国八大鸟类保护区之首。1978年以后，北、西、南三面湖底外露，与陆地连在一起成为半岛。②鸬鹚岛。又称海西皮，位于布哈河口以北6千米处，属于典型的下古生界变质岩湖蚀崖柱，距离湖岸10余米，鸬鹚岛屹立于湖中，高出湖面7.6米，是鸬鹚的繁殖场所。③海心山。位于青海湖中心略偏南，为中、晚更新世后断块抬升露出水面的花岗岩、片麻岩组成的湖中孤岛，高出湖面32米，距鸟岛约25千米。岛屿长2.3千米，宽0.8千米，中部宽而两端窄，面积1.14平方千米，岛上最高点海拔3266米，南部岛缘整齐陡立，东、西、北为平缓滩地，鸬鹚和鱼鸥集中栖息在岛崖边及碎石滩地。岛上有三级浪蚀阶地，与鸟岛间以断续沙岗和暗礁相连，岛上有一座藏传佛教宁玛派尼姑寺，沿袭古时苦修方式，有300余年历史。岛东缘有一泉眼，可供饮用。④新沙岛和老沙岛。位于青海湖东北部，曾是湖中最大的岛屿，长约13千米，最宽处约2.8千米，面积18平方千米，岛上最高点海拔3252米，是湖中砂垄露出水面后经风沙堆积而成。1980年沙岛东北端与陆地相连成为半岛，表面均由沙砾覆盖，无植被，原是鱼鸥栖息繁殖地，后开发成沙雕观光旅游基地。⑤三块石。又称孤插山，位于湖西南，是宗务隆山向湖区的延伸部分，由7块三叠统石灰岩、礁石组成，高约17米，面积约 0.056 平方千米，是湖区诸岛中面积最小的岛屿，距鸟岛、海心山 20 千米。由于人迹少至，是青海湖鸟类的重要繁殖地。

◆ 水文

青海湖流域为内陆封闭水系，补给水源主要来自河流、湖底泉水和降水。入湖河流 70 余条，较大者多由西北面汇入，如布哈河及其支流吉尔孟河、沙柳河、哈尔盖河。其中，布哈河年径流量 11.2 亿立方米，占入湖径流的 60%。由东、南面注入的河流少而短小，如甘子河、倒淌河和黑马河，呈明显的不对称分布。河流每年补给 13.35 亿立方米，降水补给 15.57 亿立方米，地下水补给 4.01 亿立方米，湖区每年蒸发量 39.3 亿立方米，年均损失 4.37 亿立方米。全新世以来，湖区水位下降，湖面缩小，建于湖滨的汉代察汉城现距湖滨 20 ~ 25 千米，水位下降约 100 米，北魏时湖区周长号称千里，唐代为 400 千米，清乾隆时减为 350 千米，现周长 300 余千米。1908 年俄国人柯兹洛夫推测当时湖面水位 3205 米，20 世纪 70 年代出版的地形图测量的湖面水位 3195 米，1988 年水位 3193.59 米，2010 年水位 3193 米。由于水位下降，布哈河三角洲前缘约 20 千米处有古湖堤遗址，蛋、鸟两岛已于 1978 年起与陆地相连成为半岛，湖东老沙岛之南已出现一新沙岛，湖滨东缘还出现了两个脱离母体的子湖——尕海和耳海。尕海位于东北部风沙堆积区，与湖区以沙丘相隔；耳海位于东南湖湾，以湖堤和沙滩与湖分隔。

青海湖春季表层水温上升，水温分层现象不明显；夏季表层水温高达 22.3℃，平均水温 16℃，下层水温平均为 9.5℃，最低为 6℃，有明显的正温层现象；秋季水温分层现象消失；冬季湖面结冰，冰下湖水上层温度 -0.9℃，底层水温 3.3℃，水温出现逆温层现象。湖水因富含无机盐类，结冰水温略低于 0℃，每年从 11 月中旬到翌年 1 月全湖形成稳定的冰盖，年平均封冰期 108 ～ 116 天，最短 76 天，最长 138 天，冰厚度一般 40 厘米，最大冰厚 90 厘米，3 月中旬湖面出现浮冰。

◆ 气候

青海湖区具有高原大陆性气候，全年日照时数在 3000 小时以上，1月平均气温 -12.7℃，最低 -30℃；7 月平均气温 12.4℃，最高 28℃。11 月至翌年 3 月湖面冰封，冰厚约 0.5 米。湖区夏季降水量 300 多毫米，降水多集中在 5 ～ 9 月，约为全年降水量的 2/3，雨热同季。全年蒸发量达 1300 ～ 2000 毫米，是青海省大风、沙暴日数较多的地区之一。

◆ 动物资源

青海湖盛产青海湖裸鲤（俗称湟鱼），是青海省重要的鱼类产地。湖体鱼类资源较单一，除裸鲤外，还有条鳅等鱼类 8 种。底泥细菌群落均具有很高的多样性，主要类群有拟杆菌门（60.0%）、厚壁菌门（26.0%），以及一些耐盐和嗜盐菌。湖区鸟类有 191 种（水禽鸟类为优势种），兽类 41 种，两栖爬行类 5 种，其中属国家 I 级、II 级重点保护野生动物的有 35 种，湖滨沙化草地的普氏原羚是世界濒危的野生动物物种之一。1992 年青海湖被列入《关于特别是作为水禽栖息地的国际重要湿地公约》（简称《湿地公约》，又称《拉姆萨尔公约》）国际重要湿地名录。

鄂陵湖

鄂陵湖是青藏高原第一大淡水湖，又称鄂灵海、错鄂湖，旧称柏海。因黄河泥沙大量沉积在扎陵湖，进入鄂陵湖的泥沙少，湖水呈青蓝色，故藏语意为蓝色洪泽湖。位于北纬 34° 46′ ~ 35° 05′，东经 99° 32′ ~ 97° 54′，西距扎陵湖 15 千米。湖区南北长约 32.3 千米，东西宽约 31.6 千米，面积约 620 平方千米，平均水深 17.6 米，湖面高程 4268.7 米，蓄水量 107 亿立方米。鄂陵湖略低于上游的扎陵湖，与扎陵湖共同发育在巴颜喀拉 - 阿尼玛卿南缘与东昆仑南缘 - 阿尼玛卿左行走滑断裂交汇部位的晚新生代断陷盆地，盆地的基底为侏罗纪泥灰岩、砂岩、浅变质岩，上覆有第四纪早更新世 - 全新世湖相沉积地层。黄河切穿两湖间的巴彦朗玛山时形成峡谷，长 300 余米。峡谷以东至湖滨有广阔沼泽。黄河上源自西南一隅流入，从东北一隅流出，湖心偏北处最深达 30.7 米。湖中盛产冷水性无鳞鱼类，其中以花斑裸鲤、扁咽齿鱼、黄河裸鲤、三眼鱼等为主，自 1978 年起建

鄂陵湖风光

立渔场捕捞。湖心小岛候鸟群集，栖息着大雁、棕颈鸥、鱼鸥、青麻鸭等多种候鸟，成为青海高原上另一个鸟岛。湖滨亚高山草甸为青海省的主要牧场。

扎陵湖

扎陵湖是黄河上游的淡水湖，又称查灵海。位于北纬 34° 49′ ～ 35° 01′，东经 97° 02′ ～ 97° 27′。湖区东西长 37.5 千米，南北平均宽 14 千米，呈不对称菱形，长轴东西向延伸，面积约 530 平方千米，水深平均 8.9 米，湖面高程 4293 米，储水量 46.7 亿立方米。扎陵湖与鄂陵湖是黄河上游最大的一对姊妹湖，中更新世以前曾是一个完整湖泊，晚更新世完全分离成两个湖泊，历史上曾有扎西鄂东和扎东鄂西之争，1997 年正式确定两湖统一为西扎东鄂。因黄河携带大量泥沙入湖，风浪泛起时湖面呈灰白色，藏语意为白色长湖。扎陵湖发育在巴颜喀拉－阿尼玛卿南缘与东昆仑南缘－阿尼玛卿左行走滑断裂的交会部位的晚新生代断陷盆地，盆地的基底为侏罗纪

扎陵湖风光

泥灰岩、砂岩、浅变质岩，上覆有第四纪早更新世－全新世湖相沉积地层，黄河自西南一隅流入，由东南一隅流出，湖心偏南为黄河主流线，湖心偏东北一侧是湖泊的最深处，最大水深 13.1 米。湖中多浮游植物，鱼类资源丰富。湖西部距黄河入湖处不远有 3 个小岛，夏季大群候鸟聚居，又称鸟岛。湖滨多为亚高山草甸，为重要牧场，景色优美。

茶卡盐湖

　　茶卡盐湖是中国青海省开发最早的盐湖，茶卡藏语意为盐滩，又称茶卡盐池。茶卡盐湖已有 300 多年的开采历史，清乾隆（1736 ～ 1795）年间设盐律。湖区位于青海省海西蒙古族藏族自治州乌兰县茶卡镇，北纬 36° 42′，东经 99° 06′。湖长 14.8 千米，湖宽 9.2 千米，湖面近似椭圆形，面积 105 平方千米，湖面海拔 3060 米。茶卡盆地为祁连山南缘新生代构造断陷盆地，茶卡盐湖在茶卡盆地自流小盆地内最低洼处，为封闭的内陆湖泊。在晚冰期时为淡水湖，自全新世开始萎缩，出现盐类沉积。属高原干旱气候，沉积相对连续稳定。湖水靠入湖径流、降水和泉水补给，有莫河、黑河、尕巴河等向心状季节性溪流入湖，湖周多泉眼。平均年降水量 197.6 毫米，河流将蚀源区含盐岩系的风化物汇集湖内，湖区蒸发作用强烈，平均年蒸发量 2074.1 毫米。湖水的矿化度高达 320 克 / 升，强烈的蒸发作用使湖水中的盐分沉积成盐湖矿床，处于氯化钠析盐阶段，水化学类型为硫酸盐型硫酸镁亚型，化学沉积盐层厚度较大，一般 4 ～ 8 米，最厚可达 10 米，每平方千米储盐量在 370 万吨以上，而且再生能力很强，总储量达 3.89 亿吨以上。湖区水深在丰水季节 50 厘米左右，枯水季仅 5 厘米左右，缺乏水生生物，卤水底层泥质沉积物中有机质主要来自陆生生物。

茶卡盐湖风光

茶卡盐湖靠近青藏公路，又有铁路专用线连接青藏铁路，运输便利。因处于温带内陆荒漠，湖水渐趋干涸。

柯柯盐湖

柯柯盐湖是中国青海省盐湖，蒙古语意为青色盐湖，又称柯柯盐池。位于青海省柴达木盆地东部乌兰县境内希里沟断陷盆地中部，介于北纬 36°50′～37°06′、东经 97°58′～98°30′。湖泊呈西南—东北向不规则狭长条带状分布，东西长约 28 千米，南北宽 4～5 千米，总面积 119 平方千米，湖面海拔 3010 米。柯柯盐湖属大陆性干旱气候，平均年降水量 201.1 毫米，平均年蒸发量达 2152.2 毫米，年相对湿度仅 34%～37%，为再生盐的形成及盐的开采提供了优越条件。柯柯盐湖属于旱湖，每年除夏季外，湖面基本是干的。卤水有湖表卤水和晶间卤水两种，晶间卤水来源为穿过山前倾斜平原砂砾层后在其前缘遇黏土层而溢出的泉水，有泉眼 665 处，湖水只在盐湖的东北隅有小面积分布。盐湖氯化钠平均含量 85%～90%，矿床平均厚度 9.84 米，最厚处达 27.36 米，每平方千米达 750 万吨左右，盐矿总储量 10.26 亿吨，盐矿蕴藏量大、品位高、杂质少、微量元素丰富，便于露天开采，综合利用及开发价值高，是理想的高端、绿色食用盐生产基地。柯柯盐湖临近青藏铁路和 315 国道，便于开采，建有柯柯盐厂。

柯柯盐湖的小火车

察尔汗盐湖

察尔汗盐湖是中国最大的盐湖。也是青海省柴达木盆地最大的干盐湖，号称盐湖之王，又称察尔汗盐池。位于北纬36° 37′ 36″～37° 12′ 33″，东经94° 42′ 36″～96° 14′ 35″，包括达布逊湖、南霍鲁逊湖和北霍鲁逊湖，最低点海拔2200多米，东西长168千米，南北宽20～40千米，有10个现代盐湖分布，总面积5856平方千米。察尔汗盐湖是柴达木盆地第四系沉积中心，湖相沉积物厚度超过3000米，盐湖大部上覆坚硬盐壳，盐壳以下为盐层与晶间卤水，属氯化物型，盐层最厚60米，储量530亿吨，钾盐的储量仅次于死海，居世界第二位。根据水文地质及地球化学特征，察尔汗盐湖由西向东划分为别勒滩区段、达布逊区段、察尔汗区段和霍布逊区段。察尔汗盐湖伴生有丰富的

察尔汗盐湖风光

钾镁光卤石，年产氯化钾将达100万吨，为中国最大的钾镁盐液体矿床。敦（煌）格（尔木）公路长约32千米路段和青藏铁路第一期工程32千米长的路基均横跨盐湖，因路基系用盐铺造，俗称万丈盐桥，为世界公路和铁路建筑史上所罕见。

◆ 气候与水文

柴达木盆地属大陆性干旱气候，察尔汗盐湖年降水量仅10～30毫米，年蒸发量达1900～3100毫米，年平均相对湿度小于40%，西北风

盛行，昼夜温差大，日照时间长，年最冷月（1月）平均温度 -10～-13℃，年最热月（7月）平均温度 13～18℃，年辐射量 2893～3157 千焦耳/厘米²。察尔汗盐湖河流补给水系较复杂，水网散漫，水量较小，受季节影响大，有发源于昆仑山脉的格尔木河、那仁格勒河、柴达木河等 18 条河流注入，大多数河流由南向北注入察尔汗盐湖，北部仅有全吉河注入北霍布逊湖，河流末端发育有 10 个大小不等的现代盐湖。

◆ **湖泊演变**

第三纪末、第四纪初，在青藏高原的隆升过程中，昆中断裂以北的断块式上升和昆南断裂以南的可可西里—巴颜喀拉山隆升，相对下降成为山间洼地，形成一系列东西向分布的古湖泊；距今 94000～52000 年，察尔汗古湖为微咸水 – 半咸水湖，湖泊入湖径流量较大，湖区植被为草原、荒漠草原植被；约距今 52000 年，察尔汗古湖环境发生了显著变化，湖泊入湖径流量减小，蒸发量增加，湖泊由咸水湖退缩演化为盐湖，湖区植被由草原、荒漠草原演替为荒漠草原、荒漠。更新世时期，该地区又发生了更为剧烈的新构造运动，距今 34000～24000 年，以察尔汗地区为中心的东柴达木继续沉降，由于东昆仑山相对上升，加剧了原有河流的向源向南侵蚀作用，察尔汗盐湖入湖径流量增加，湖泊有所扩张，这次新构造运动导致了一系列水系的改道和袭夺变化；距今 24000～9000 年，在冷干气候背景下，察尔汗古湖经历了多次淡化期和咸化期，湖泊退缩演化为干盐湖，使察尔汗干盐湖形成 4 个成盐期：①第一成盐期，距今 25000～21800 年。②第二成盐期，距今 19700～16500 年。③第三成盐期，距今 15000～8000 年。④第四成盐期，距今 4910 年以来。

◆ 植物

察尔汗盐湖流域植被按不同海拔呈带状分布：①海拔 2700 ～ 3600 米主要由荒漠和盐生植物组成，主要有蒿叶猪毛菜、细枝盐爪爪、盐穗木、膜果麻黄、唐古特白刺、沙拐枣、柽柳等；禾本科、莎草科植物主要分布在察尔汗盐湖南部地下水出露的冲积扇缘带，沿着河道有芦苇、眼子菜等水生植物分布。②海拔 3600 ～ 4100 米主要为高寒草原，主要有针茅属、蒿属、灌木亚菊、紫菀木、金露梅、铁线莲等。③海拔 4100 米以上主要为垫状驼绒藜等荒漠植被。

罗布泊

罗布泊是中国新疆维吾尔自治区东南部湖泊。位于新疆维吾尔自治区若羌县境内，塔里木盆地东部罗布泊洼地。面积约 2400 ～ 3000 平方千米。地理概念上的塔里木河尾闾。古称泑泽、盐泽、蒲昌海。蒙古语称罗布诺尔，意为多水汇聚之湖。2002 年若羌县新增罗布泊镇，堪称中国第一大镇。

◆ 自然地理

大地构造位于欧亚板块腹地塔里木地块东部，属塔里木地块组成部分，属断陷构造洼地，因此被称为罗布泊坳陷。是塔里木地块内处于相对下陷的次级构造单元，夹持于库鲁塔格断隆和阿尔金山断隆之间，因罗布泊洼地而得名。其主要特点为：①干旱中心。罗布泊地处中国和亚洲大陆的干旱中心，年降水量不足 10 毫米，不少地方终年不降水，而蒸发量却高达 3000 毫米以上。②积盐中心。是塔里木盆地的积盐中心。1961 年以前，塔里木盆地周边的大小河流一般都汇入罗布泊。1961 年后罗布泊逐渐干涸，形成罗布泊地区厚层的盐壳沉积。③风沙活动中心。罗布泊及其临近地区，分布有 3 片沙漠，以罗布沙漠为中心，西临塔克拉玛干沙漠，南接库姆塔格沙漠。④雅丹地貌分布中心。罗布泊是中国雅丹地貌集中分布地区，面积达 3000 平方千米。⑤沙尘暴源区。风沙活动强烈，成为沙漠扩大的沙物质来源，是中国沙尘暴源区之一。

◆ **历史演变**

历史上曾接纳塔里木河及其支流孔雀河、车尔臣河以及来自甘肃省境内的疏勒河等内陆河流。罗布泊形成距今不到 100 万年（早更新世末—中更新世初），全盛时期面积有 5300 平方千米。《汉书》中记载的罗布泊面积"广袤三百里，其水停居，冬夏不增减"，当时湖水面也十分辽阔。清乾隆四十七年（1782），阿弥达等人前往青海进行河源考察，记载"为西域巨泽，在西域近东偏北，合受西偏众山水……淖尔东西二百余里，南北百余里，冬夏不赢不缩"。由此可见，清初罗布泊面积也很大，但比汉以前缩小很多。清末，《幸卯侍行记》中记载："水涨时东西长八九十里，南北宽二三里或一二里不等"。由此可见，此时比清初面积又大为缩小。1931 年，近代中国学者陈宗器等人实测罗布泊面积约 475 平方千米，记有："略作葫芦形，南北纵长一百七十里。"1962 年出版的 1∶20 万地形图显示，罗布泊面积 660 平方千米，为南北向的纺锤形。

20 世纪 60 年代以来，由于气候变化与人类活动影响，罗布泊中、上游大规模发展农业生产，扩大耕地面积，拦截和引走大量的塔里木河和孔雀河的河水，使下泄水量减少，如塔里木河河水流到阿拉干就已断流，孔雀河河水到达营盘附近逐渐干涸，导致罗布泊逐渐干涸，完全演变为盐湖。

罗布泊

◆ 主要资源

罗布泊在第四纪钙芒硝盐类沉积层中，储藏有丰富的硫酸盐型卤水钾盐矿资源，卤水平均品位 KCl1.4%，水化学类型为硫酸镁亚型。卤水主要储存于钙芒硝岩中，由 1 个潜卤水层和 5 个承压卤水层组成。钾盐储量 1.45 亿吨，资源量达 25 亿吨。截至 2016 年，它仍是世界上最大的硫酸盐型卤水钾盐矿床。2000 年成立国投新疆罗布泊钾盐有限责任公司进行钾盐矿床开发，为中国最大的钾盐基地，年生产优级硫酸钾产品约 300 万吨。

罗布泊以其神秘色彩令人神往，旅游资源特色鲜明，如汉代烽火台、位于罗布泊北岸的龙城雅丹、汉代后勤驿站遗址土垠、孔雀河古河道北岸的太阳墓、太阳墓地西侧的古胡杨林，以及罗布泊湖心标志、楼兰古城等。

在人类文明史进程中，罗布泊地区曾经有过辉煌的岁月，如丝绸之路的开辟、楼兰王国的建立等，是古代人类文明活动中心之一。

博斯腾湖

博斯腾湖是中国最大的内陆淡水湖，又称巴喀剌赤海。位于新疆维吾尔自治区天山山脉南麓焉耆盆地东南部最低洼处，为开都河尾闾，又为孔雀河河源。属中生代断陷湖。蒙语称博斯腾尔，维吾尔语称巴格拉什库勒。古称西海，清中期定名为博斯腾湖。《汉书·西域传》中的焉耆近、《水经注》的敦薨浦，均指此湖。

◆ **自然地理**

呈扁平碟状，中间低平，靠近湖岸水深急剧变浅。东西长 55 千米，南北平均宽 20 千米，湖水面积 1005 平方千米，容积约 88 亿立方米。平均水深 7.38 米，最深 16 米。湖盆最低处海拔 1031 米，湖面平均水位海拔 1047 米时。湖水矿化度 1.5 克/升以上。湖体可分为大湖、小湖两部分，大湖面积约 980 平方千米，小湖面积百余平方千米；大湖附近有滩涂沼泽面积约 400 平方千米，小湖附近有芦苇沼泽约 300 平方千米。根据水文资料，焉耆盆地汇集的年径流量约 41.5 亿立方米，博斯腾湖流域多年平均径流量约 39.70 亿立方米，湖水补给主要有开都河、黄水沟、清水河、曲惠沟和乌拉斯台河。其中开都河长 513 千米，流域面积达 2.2 万平方千米，平均年径流量 35.3 亿立方米。

◆ **主要资源**

博斯腾湖水产资源丰富，有鱼类达 40 种，可捕捞鱼类达 37 种，最高年产量超过 3600 吨。主要经济鱼类有贝加尔雅罗鱼、鲤鱼、赤鲈、塔里木裂腹鱼、扁吻鱼、青鱼、草鱼、鲢鱼、鳙鱼、鲻鱼、西伯利亚斜齿鳊、东方真鳊、武昌鱼、云斑鮰鱼、大银鱼、池沼公鱼等 23 种，非经济鱼类有麦穗鱼、花鳕、棒花鱼、叶尔羌条鳅、何氏棘鲃、圆尾斗鱼等。此外还有沼虾、青虾、秀丽白虾、青蛙、河蚌、牛蛙等。博斯腾湖是中国四大集中产苇区之一。沼泽芦苇生长茂密，芦苇高达 6～8 米，年产量 30 万吨以上。湖泊东和东南侧为盐碱地与盐池，年产食盐 4000 吨，芒硝 1000 余吨。鸟类隶属于 17 目 33 科 54 属 80 种，包括夏候鸟 46 种、

留鸟 18 种、旅鸟 13 种、冬候鸟 3 种；鸟类区系中古北界种类 57 种、广布种 12 种、中亚种类 8 种、东洋种 3 种，有国家一级重点保护鸟类 3 种，国家二级重点保护鸟类 7 种。

博斯腾湖湿地芦苇

20 世纪 80 年代后期，博斯腾湖景区旅游开发开始起步。1998 年，博斯腾湖旅游区被新疆维吾尔自治区列为旅游开发重点景区。2002 年，被定位国家重点风景名胜区。2014 年被评定为国家 AAAAA 级旅游景区。博斯腾湖沿岸景区分为金沙滩和银沙滩、大河口与落霞湾、阿洪口及莲花湖、扬水站和白鹭洲 4 处景点。此外，还有风景如画的金沙滩旅游区及景色秀丽的湖西的铁门关、水库。

◆ 环境整治

博斯腾湖面的海拔高度从 2002 年的 1049.39 米下降到 2013 年 7 月的 1045.05 米，距博斯腾湖警戒水位仅剩 0.05 米；蓄水量由 93.82 亿立方米减至 50 亿立方米，水量减少近 1/2。2014 年博斯腾湖湖面面积萎

缩至 800 多平方千米。工业有机污染不断加重，博斯腾湖黄水沟水域水质富营养化严重，因缺氧致使鱼类死亡的现象时有发生。同时，地下水也存在一定范围内的有机污染，博斯腾湖所处的焉耆盆地的土壤盐渍化问题也十分突出。通过采取水利工程、生物工程，以及减少灌区河流引水量等措施，以达到改善环境、恢复生态、降低湖水矿化度的目的；在湖滨区种植芦苇及其耐盐排盐植物，提高湖水自净能力，以实现保护生物多样性的目的。

艾丁湖

　　艾丁湖是中国大陆海拔最低的湖。又称觉洛浣。位于新疆维吾尔自治区吐鲁番市，吐鲁番盆地最低洼处。最低处海拔 -154.31 米，是中国大陆最低点、吐鲁番盆地地表径流的归宿点。面积 23 平方千米。艾丁湖的维吾尔语为它艾丁库勒，意思为月光湖；因湖的形状随湖水补给水量增减而变化，犹如月光盈缺的形状，故得此名。又称觉洛浣，维吾尔语意为荒漠湖，以湖的南侧觉罗塔格山（意为草木不长的荒山）而得名。

　　据清宣统元年（1909）刊布的《大清舆图》测算数据，当时艾丁湖水域面积 230 平方千米。20 世纪 50 年代初，湖泊东西长 40 千米、南北宽 8 千米，湖水面积近 152 平方千米。据 1958 年航空照片测算，湖面近似椭圆形，东西长 7.5 千米、南北宽 3 千米，水深 0.8 米左右，面积 22.5 平方千米。艾丁湖是世界最酷热、干燥的地区之一，年平均气温 14℃，地表温度超过 80℃；艾丁湖区域自动气象站测到的最高气温

50.2℃（2011 年 7 月 14 日），是中国陆地首次观测的超过 50℃ 的记录。平均年降水量不到 20 毫米，蒸发量为降水量的几千倍。湖水补给来源有：①夏季河流的洪水。②冲洪积倾斜平原溢出带的地下径流。③冬季坎儿井水灌区排水，通过地下径流入湖。艾丁湖蕴藏丰富的石盐、芒硝、无水芒硝，以及石膏、钙芒硝和多种钾、镁盐类矿产资源，储量 3 亿吨以上，可以开采少量的芒硝、盐等化工产品。

自 20 世纪 50 年代以来，因开垦灌区扩大，引水数量增加；农田大量利用深井抽取地下水，地下水开采量逐年增大，年均超采 2.48 亿立方米，地下水位连年下降；有水坎儿井已从 1957 年的 1200 多条下降至 200 多条，以及坎儿井出水口修建蓄水涝坝等原因，地下水已无法补给艾丁湖。湖泊水域面积逐渐减缩，现几乎已成为一个干涸的盐壳洼地。21 世纪初期，通过防沙化生态林建设及高效节水工程建设，艾丁湖水面面积已呈现增加趋势。2016 年新建了新疆吐鲁番艾丁湖国家湿地公园。

**新疆吐鲁番艾丁湖
国家湿地公园冬日美景**

巴里坤湖

巴里坤湖是中国新疆维吾尔自治区天山山脉东段地堑式断陷湖。位于新疆维吾尔自治区巴里坤哈萨克自治县境内，天山山脉东段巴里坤山与梅钦乌拉山之间的巴里坤地堑式断陷封闭型高位盆地中。盆地平均年降水量约 180 毫米，蒸发量 1800 毫米。湖面海拔 1585 米。湖泊形似葫芦，长轴为东北—西南方向，南北长约 12 千米，东西宽约 9 千米，面积约 113 平方千米。湖泊为积盐中心，湖水矿化度达 7 ～ 8 克 / 升，味苦不能饮用。汉称蒲类海，《西域图志》作巴尔库勒。

更新世中期以来湖面逐渐缩小，更新世晚期湖面面积约 800 平方千米，全新世时约 550 平方千米。由于新构造升降运动，盆地东部上升幅度大于西部，湖盆位置约比晚更新世时西移 25 千米。湖盆周围无大河，湖水补给以湖泊周边地表径流、周围洪积扇溢出带的泉水及地下径流为主。因上游来水量减少使湖泊水位下降，湖中发育有近南北向沙堤，将湖分割成东、西两部分，西侧湖水干枯已裸露出银白色湖底，东侧湖水碧波荡漾。

湖区有储量丰富的芒硝矿和食盐资源，卤水蒸发后成为纯净的食盐结晶。湖水中有水生物卤虫。作为盐湖，巴里坤湖具有艾比湖、艾丁湖等盐湖的类似特点，既有表面卤水，又有芒硝和盐层，可为工业化工资源利用，也是当地居民的传统采盐场地。湖滨东、西、南部是广袤的沼泽湿地草甸，为优良草场。

赛里木湖

赛里木湖是中国新疆维吾尔自治区境内典型的地堑式构造湖，又称三台海子。位于新疆维吾尔自治区博尔塔拉蒙古自治州博乐市境内，天山山脉西段封闭式高山盆地之中。蒙古语称赛里木淖尔，意为山脊梁上的湖。古称天池。湖盆呈椭圆状，中间深邃，靠近湖岸水深急剧变浅成湖滨湿地或砂砾石滩地。流域面积 1408 平方千米，东西长 29.5 千米，南北宽 23.4 千米，周长 90 千米，储水量约 210 亿立方米。一般水深 92 米，最大水深 102 米。湖面海拔 2073 米，湖面面积 468 平方千米，是天山海拔最高、面积最大的高山湖。湖水矿化度 2.5 ～ 2.8 克 / 升，属微咸、贫营养化湖水。赛里木湖东有 4 个湖心小岛，最大的湖心岛海拔 2103.9 米，高出湖面 31.9 米，岛岸线周长 2102 米，面积约 7 万平方米；其他 3 个小岛面积分别为 7000 平方米、5000 平方米和 2000 平方米。自 20 世纪 50 年代以来，受全球气候变暖的影响，山地冰雪融水和降水量有所增多，入湖地表径流增多，导致湖水水位持续上升。1950 ～ 2016 年湖水水位上升了 2 ～ 3 米，湖水面积由

赛里木湖美景

458 平方千米增加到 468 平方千米。

　　一直以来，赛里木湖除有少量藻类和浮游生物外，历史上无任何鱼类生存。为了结束了赛里木湖不产鱼的历史，1983 年在三台修建了高山湖泊水产养鱼试验站。从 1998 ～ 2003 年连续从俄罗斯引进高白鲑和秋白鲑发眼卵 2940 万粒，通过孵化向赛里木湖投放鱼苗 1400 万尾，使湖区的冷水鱼养殖取得成功。现每年捕捞商品冷水鱼 100 余吨，赛里木湖已经成了新疆重要的水产品养殖基地。

艾比湖

艾比湖是中国新疆维吾尔自治区最大的咸水湖。位于新疆维吾尔自治区精河县境内，准噶尔盆地西南部。呈西北—东南走向，东西宽10余千米，南北长20余千米。集水面积50 621.0平方千米，补给系数97.0。湖面为准噶尔盆地最低点。古称布勒哈齐淖尔，布勒哈齐为有地下水补给之意。

◆ **地理环境**

属中生代—新生代地堑式断陷构造湖，湖盆呈椭圆形，与断裂走向一致。北岸为马依力山麓，湖岸为砾石；东岸和南岸为芦苇沼泽；西岸有阶地数级。湖水补给主要来自周边河流，入湖河流有奎屯河、四棵树河、精河、阿卡尔河、大河沿子河、博尔塔拉河和时令河等23条；由于湖盆地势低洼，也有地下径流补给。

在人类活动和自然环境的双重影响下，湖区水位年内变化显著。20世纪初，湖面面积1310平方千米；20世纪50年代，河水被引入水库和灌区，入湖水量大减，湖面缩小到1070平方千米；70年代，湖面缩小到599平方千米；1983年，湖面522平方千米；1987年，湖面缩小到500平方千米；1988年6月～1989年5月，水量收支盈余0.56亿立方米，使湖面增至651.0平方千米；1995～2000年湖面面积快速增加，由473平方千米增加到938平方千米；2000～2006年湖面面积有增有减，但变幅不大，基本在890～950平方千米；2004～2015年湖泊面积又逐步减少。

◆ **自然资源**

艾比湖是一个资源蕴藏丰富的湖泊。湖区中，有丰富的盐、芒硝、硫酸镁、硼、溴、碘等非金属矿藏。湖盆为积盐中心，湖水矿化度高达80克/升以上，为硫酸钠亚型盐湖。湖水氯化钠含量占很大比例，长期以来为岩盐开采基地，取卤于岸，自然成盐，运销博尔塔拉蒙古自治州和伊犁哈萨克自治州。年产原盐5万吨，粉洗加碘精盐1.5万吨，芒硝3万吨，氯化镁1000吨。

在艾比湖高盐度水域中，生活着小型甲壳动物卤虫，被称为软黄金。艾比湖沿岸茂密的芦苇，是纸业、建筑业宝贵的资源。次生林里的野生动物鹤、天鹅、野鸭、麝鼠等不仅是珍贵的物种资源，还为旅游开发提供了广阔的空间。

2000年在博尔塔拉蒙古自治州西部阿拉山口大风通道区，建立艾比湖湿地自然保护区，2007年升级为艾比湖湿地国家级自然保护区。保护区由湖泊及河流湿地、沼泽湿地组成，是集生态保护与生物多样性为一体的多功能大型湿地自然保护区，被列入《中国重要湿地名录》。

艾比湖湿地国家级自然保护区风景

玛纳斯湖

　　玛纳斯湖是中国新疆维吾尔自治区准噶尔盆地西部湖泊。位于新疆维吾尔自治区准噶尔盆地西部，为玛纳斯河的尾闾，通常指玛纳斯湖、艾兰湖、艾里克湖等湖群。玛纳斯湖为湖群中的最大湖，湖面海拔257米，形似鞋底，呈东北—西南走向，长50千米，宽10～15千米，面积约550平方千米。艾兰湖位于玛纳斯湖西南，早已干涸，地表有盐结晶。艾里克湖在玛纳斯湖西北10千米处，从地形与构造看，与玛纳斯湖似无联系。玛纳斯湖之东还有达巴松淖尔，为早已干涸的盐湖，已作盐场利用。湖水补给水源原有玛纳斯河、金沟河、宁家河等河流，更早还有呼图壁河，有时还接纳准噶尔西部山地南部河流的洪水。自20世纪50年代以来，因在玛纳斯河中游将河水引入灌区，使入湖水量减少，湖泊逐渐干缩；湖区绝大部分已结晶成盐，仅西南角偶有洪水入湖，玛纳斯湖及周围湖泊趋向于间歇性不稳定湖泊。

　　1964年地质工作者在湖盆北部乌尔禾一带采集到准噶尔翼龙（大型能飞行的爬行动物，生活于湖面，采食鱼虾）、克拉玛依恐龙、乌尔禾剑龙、鱼鳖等生物化石，这类生物生存于早白垩纪；根据岩石及动物群分析，当时湖盆周围为淡水湖泊。根据湖盆附近沉积物及阶地分布分析，玛纳斯湖在第四纪时湖盆范围仍很大，第四纪

玛纳斯湖风光

初曾为乌伦古河尾闾；第四纪晚期以来，湖盆逐渐缩小，并在沙丘间遗有许多盐湖。

乌伦古湖

乌伦古湖是中国新疆维吾尔自治区乌伦古河尾闾，又称布伦托海或福海。位于新疆维吾尔自治区福海县境内，准噶尔盆地西北部。是第四纪晚更新世形成的坳陷湖，没有出水口，是水环境自净能力较弱的内陆湖。乌伦古湖由布伦托海和吉力湖组成。两者经由 7 千米长的库依尔尕河相连并沟通，其相连河道为芦苇沼泽地。布伦托海又称大海子，湖面海拔 483 米，南北宽约 27 千米，东西长 41.8 千米，平均水深 8.0 米，最大水深 12.0 米，湖水面积 836.06 平方千米。吉力湖又称巴噶、波特港、小海子，海拔 485 米，长 17.5 千米，宽 16.5 千米，湖泊面积 189.8 平方千米。湖水于 10 月下旬开始结冰，11 月中旬全面封冻，翌年 3 月下旬开始解冻，冰封期约 130 天，冰厚 1 米左右。历史主要补给水源为乌伦古河。

自 20 世纪 50 年代以来，由于在乌伦古河中上游修建水库、大量引水和大面积开垦荒地，使入湖水量减少。布伦托海水位下降、水域面积缩小、储水量减少尤其明显，到 1970 年水位下降 2.20 米，使布伦托海湖水环境发生急剧变化。为此，1970 年凿通额尔齐斯河与布伦托海之间长度为 2.2 千米的分水岭台地，修建了引额济海渠道工程，年均引入 3.0～4.5 亿立方米水量注入布伦托海，布伦托海湖水环境得到逐步改善。

1974 年建成库依尔尕河控水闸后，使吉力湖流入布伦托海的水量大为减少，湖水位下降。1987 年新的引额济海工程建成之后，布伦托海水位迅速升高，湖水矿化度持续下降并趋稳定。

乌伦古湖属营养型湖泊，湖水水域浮游生物丰富，有浮游植物 75 种、浮游动物 10 多种、水生维管束植物 6 种，底栖生物亦较多。湖滨地带是水草丰茂的牧场。湖区共有鱼类 16 种，以产贝加尔雅罗鱼、白斑狗鱼、梭鲈、斜齿鳊、东方真鳊、圆腹雅罗鱼、银鲫、丁卡、鲤鱼、赤鲈、池沼公鱼等著称，年产量 3000 ～ 4000 吨，占新疆维吾尔自治区渔业产量的 1/3 以上。

天山天池

天山天池是中国新疆维吾尔自治区著名湖泊。位于新疆维吾尔自治区阜康市境内，天山山脉东段、博格达山北麓三工河中游的古冰川 U 形槽谷中。是由冰川刨蚀而成的半月形冰碛堰塞湖，呈南北方向延伸。湖面海拔 1910 米，长 3.5 千米，宽 0.8 ～ 1.5 千米，湖面周长 10.98 千米，平均水深 60 米，最大水深 103 米，面积 4.9 平方千米，储水量约 1.6 亿立方米。属温带大陆性气候，冬季寒冷漫长，夏季温和短促。极端最低气温 -33.4℃，极端最高气温 30.0℃，年平均气温 2.55℃，气温日变化较大；平均年降水量 443.9 毫米，多集中在 4 ～ 9 月；平均年蒸发量 1439 毫米；相对湿度 52% ～ 60%。天池中有冷水性无鳞鱼。

天池古称瑶池，据《穆天子传》《山海经》《汉武故事》等古籍记载，公元前 10 世纪，周穆王姬满与西王母欢宴于瑶池之上，西王母曾在此梳洗。湖东岸有乾隆（1736 ～ 1796）年间修建的福寿寺，因用青砖铁瓦建成，又称铁瓦寺。另有天池石门、东小天池、西小天池、锅底坑、定海神针、灯杆山、马牙山、海南等风景名胜。天池像一颗蓝色宝石镶嵌在崇山峻岭之中，湖水清澈，湖周有雪山、葱郁的森林、如茵的草地、碧水、繁花，共同构成一幅高山湖泊景观。晴朗时水面或平静如镜，或水光潋滟，池水浩渺，映出雪山云影；阴雨天时云如墨染，云遮雾罩，群峰仿佛笼罩在空濛的薄纱之中；晨夕时朝霞残阳又为青山碧水映上一抹血红。而远古传承下来的瑶池神话传说又给优美的自然景色蒙上了一层神秘的色彩，使其闻名遐迩、更富魅力。1982 年被列为国家重点风景名胜区。2007 年获批为国家 AAAAA 级旅游景区。

天山天池景色

纳木错

纳木错是青藏高原著名湖泊，中国第三大湖泊。纳木错属藏北内流水系。藏语为天湖之意，蒙语称腾格里海。流域面积 10610 平方千米，是西藏自治区第二大湖泊，也是世界上海拔最高的大湖之一。为西藏自治区当雄县和班戈县的界湖，介于东经 90° 16′ ～ 91° 03′，北纬

30° 30′ ～ 30° 56′。湖面高程 4718 米时，湖长 78.6 千米，最大宽度 50 千米，平均宽度 24.4 千米，湖面面积 1943.35 平方千米（1970），2026.74 平方千米（2009）。素以海拔高、湖面浩瀚、景色瑰丽著称。

◆ 水体

北侧湖岸曲折，多半岛、岬湾；湖中有大小岛屿 5 座，最大的朗多岛面积 1.24 平方千米。湖泊周长 318 千米。湖水深度一般 20 ～ 50 米，最大水深超过 95 米，估算湖水容积约 784.6 亿立方米。东、南及西南侧以高耸的念青唐古拉山及冈底斯山为界，接雅鲁藏布江外流水系，分水岭的众多山峰高程超过 6000 ～ 6500 米，是青藏高原重要的冰川作用中心之一；西侧与色林错、仁错约玛流域相邻，分水垭口多数地区是开阔的冲积、湖积平原，地势相对比较平缓；北侧与申错、巴木错水系之间是低山丘陵，地势起伏较大。

◆ 地质构造

湖体东北的扎西多半岛周围普遍发育有二级湖相阶地，第一级高出现湖面 5 ～ 10 米，由砂砾及灰岩角砾堆积而成；第二级高出现湖面约 20 米，可分为湖蚀阶地与湖积阶地两种，其中湖蚀阶地面较为平坦，可见清楚的白垩系石灰岩侵蚀面、孤立石柱与天生桥，阶地后缘的陡崖下，还可见到许多溶洞、浪蚀穴等岩溶地貌景观。湖体南侧近北东—南西走向的念青唐古拉山体主要由古老的片麻岩系构成，冰雪融水通过一系列梳状平行河溪向湖泊排泄，这些河溪在山麓地带形成的连片冲积、洪积扇裙与上述二级阶地面构成的湖滨平原连成一体，致使地面坡度增大，湖滨平原狭窄。西侧的湖滨平原相对比较开阔，一系列标志湖泊退缩的古湖岸砂砾堤清晰可见，由于地势平坦，一些入湖河流的滨湖段发育有大面积沼泽湿地。湖北侧一系列由灰岩和砂砾岩组成的北西西走向低山丘陵，往往以半岛形式伸向湖中，致使北岸岸线最为曲折，岬湾及陆连半岛连绵分布。因受断裂构造控制，这些低山及陆连半岛临湖面岸壁多挺直陡峭，远远望去犹如布列在湖边的残垣断壁，雄伟壮观。湖泊西北部是宽广的湖滨平原，其外围与诸内陆湖泊的分水垭口是一系列北西走向的条带状低山，属念青唐古拉山北侧大型断陷洼地中发育的一个断陷构造湖泊。

◆ **气候**

念青唐古拉山南侧的当雄县多年平均气温 1.3℃，平均年降水量486.9 毫米；北侧班戈县的多年平均气温 1.2℃，平均年降水量 301.2 毫米。湖区气候大致介于上述两者之间，属高原温带藏南半干旱向高原亚寒带羌塘半干旱气候区的过渡地带。年降水量 300 ～ 400 毫米，主要集中在 6 ～ 9 月，其中 7 ～ 8 月份占全年降水量的 60%；多年平均气温在 0℃ 左右，其中最热月（7 月）平均气温约 10℃，最冷月（1 月）平均气温约 -11.0℃；湖区年日照时数约 3000 小时，日照率 68%；大于17 米每秒风速的大风日达 73 天。

◆ **水系**

汇入湖泊较大的河流有昂曲、测曲、波曲、岗牙桑曲、你亚曲、卡作曲 6 条。最长的是从西南岸汇入的昂曲，西南岸入湖的测曲流域面积最大，其次是西岸入湖的波曲。岗牙桑曲发源于朗钦山阿拉日峰南侧，流域面积约 600 平方千米，河长 37 千米。该河支流雄曲的上游径流有分流现象，一部分流向仁错约玛，一部分汇入干流后向纳木错排泄，故拟将雄曲上游段作为纳木错与仁错约玛流域的分界线。你亚曲发源于念青唐古拉山脉的莫多西嘎山西侧，流域面积约 590 平方千米，分南北两支，北支上游由恰嘎曲、强嘎曲汇合而成；南支上游称切烈布曲，纳木错湖区政府驻地即位于该支的北岸。该河中下游地区地势开阔，水草丰茂，是纳木错湖区的重要牧场。卡作曲流域面积 264 平方千米，中游段与昂曲的沼泽地通连，分水界线不很清楚。从南岸入湖近似平行排列的 30～40 条短小河流，河长 10～15 千米，流域面积约 1500 平方千米。冰雪融水与大气降水都十分丰沛，成为纳木错湖水的重要而稳定的补给源。

◆ **结冰期及水温**

湖面 11 月中下旬结冰，翌年 4 月开始融化，冰厚 30～40 厘米。夏季离岸 85 米处的湖表层水温日变幅明显小于气温；气温日变化 6～16℃，而水温日变化 10.5～14.3℃。水温日变化的极值出现时间较气温要滞后 1～3 小时。垂直水温均呈正温层序分布，并有明显的分层现象：夏季表层水深 24 米内，平均温度梯度为每米 0.07℃。24～32 米，平均温度梯度为每米 0.63℃。湖底部最低水温 5.6℃。

◆ **水质**

湖水 pH 值 9.4，矿化度 1.715 克/升，系碳酸盐型内陆微咸水湖泊。湖水呈深蓝色，湖水透明

纳木错

度在离岸 2 ～ 3 千米处，多在 9 米以上。一般水深 30 米以内水域，透明度 5 ～ 9 米；而水深大于 30 米时，透明度在 9 米以上。湖中盛产高原裸鲤。湖中有三岛，风景秀丽。湖滨为优良牧场。

色林错

色林错是中国西藏自治区咸水湖，又称奇林湖。为申扎县、班戈县、尼玛县的界湖。地理位置为东经 88° 33′ ～ 89° 21′，北纬 31° 34′ ～ 31° 57′。湖面高程 4530 米时，湖泊东西长 77.7 千米，最大宽度 45.5 千米，平均宽度 21 千米。1970 年湖面面积 1640 平方千米，2010 年面积达到 2349 平方千米，成为西藏最大的湖泊。其西部岸线曲折，多半岛、岬湾，东部相对比较平整。湖周长度 255 千米，岸线发展系数为 1.77。湖水矿化度 18.268 克 / 升，属硫酸钠亚型内陆终点咸水湖泊。平均水深 23 米，估算贮水量约 374.4 亿立方米。

◆ 气候

湖区属高原亚寒带羌塘半干旱气候。多年平均降水量约 300 毫米，6 ～ 9 月约占年降水量的 90%，夏季降水经常伴有冰雹现象；年蒸发量 2160 毫米，以 4 ～ 7 月为最大；多年平均气温为零 ℃ 左右，其中最热月（7 月）平均气温 9 ～ 10℃，最低月（1 月）平均气温 -14 ～ -13℃；日均气温大于 0℃ 约 170 天，霜期持续时间约 280 天；年日照时数约 3000 小时；湖区年均大于 17 米每秒的大风日数约 90 天。

◆ **地质构造**

色林错处于班公－东巧－怒江大断裂带槽谷中，属断陷构造湖。湖盆地貌形态主要是古湖相台地、山麓坡地和湖积、冲积平原两大类。前者为高出湖面 200 ～ 300 米的低山丘陵，由于受到长期侵蚀、切割，地面波状起伏，有的已为海拔 4700 米左右的残丘；冲积、湖积平原在湖盆周围低山丘陵与湖滨之间广布，尤其湖体南侧面积很大，其间有一系列标志湖泊退缩的古湖岸砂砾堤发育。湖周明显的古湖岸砂砾堤大小多达数十条，湖体南侧、东南侧第 10 条古湖砂砾堤高出现湖面 70 米，一般认为是色林错盆地清晰古湖堤的最高位置；高出现湖面达 100 米左右的第 13 条古湖堤也是古湖泊退缩遗留下来的痕迹。色林错周围的较小湖泊，如班戈错（湖面高程 4515 米）、吴如错、恰规错、错鄂、雅个冬错等，曾都是古色林错大湖的一部分。

◆ **水文**

色林错主要入湖河流有 4 条，即由北岸汇入的扎加藏布、西岸汇入的扎根藏布、东北岸汇入的波曲藏布和西南岸汇入的阿里藏布。它们连同串通的一系列吞吐湖泊，共同组成了西藏最大的一个封闭内陆水系，扎根藏布居入湖各河之首。据 1980 年的实测资料，整个湖泊可分为浅水区（1 ～ 10 米）、次浅水区（10 ～ 30 米）、深水区（30 ～ 40 米）和最深水区（大于 40 米）四部分，其中最深水区主要在湖体的东部中心区域。初步分析，若将全湖平均水深按 23 米计，则色林错的贮水量 374.4 亿立方米。

◆ **湖水物理化学性质**

11 月下旬至翌年 4 月初湖水结冰，冰期 130 天左右，最大冰厚可达 0.5 米。据 1997 年、1998 年观测资料，湖中心夏季表层水温可达 13.0～14.2℃，平均日变幅 1℃左右；在浅水区域表层水温 11～21.2℃，日变化可达 3.2～7.5℃；同步观测的岸边气温日变化为 30℃以上。水化学类型为硫酸钠亚型，湖水 pH 值 9.7，偏碱性。色林错与流域内一系列吞吐湖泊如格仁错、吴如错、恰规错、错鄂等，虽同处于相近的气候及下垫面条件下，但由于水文地理特征的差异，使各湖水化学性质明显不同。

◆ **其他**

湖周山地为草原、高山草甸或高山草原化草甸。色林错湖区是传统的牧区，主要放养牦牛、绵羊。湖内产短尾高原鱼。

色林错

当惹雍错

当惹雍错是中国西藏自治区咸水湖，苯教神湖，又称唐古拉湖、唐古拉攸木错。位于西藏自治区尼玛县南端，北与当穹错相近。地理位置为东经 86°23′～86°49′，北纬 30°45′～31°22′。湖呈近似长靴形，作东北－西南向延伸。湖面高程 4528 米，相应湖长 71.7 千米，最大湖宽 19.4 千米，平均宽 11.65 千米，湖面面积 835 平方千米。湖泊岸线较平滑，岸线长 198 千米。以江穷河口附近湖面最窄，宽仅 3 千米，由此可将该湖划分为南北两大湖区。北部湖区是长靴形的底部，湖面宽阔，面积 835.3 平方千米；南部湖区是长靴形的筒部，湖面狭长。湖盆外围群山环绕，平均高程在 5000 米以上，并有现代冰川发育。北部湖区东西两侧山地高耸，紧逼湖体，湖岸陡峭，唯北部一隅地势起伏和缓，为多级古湖岸砂堤，其中最高一级高出现湖面 152 米，是第四纪湖泊盛期时与当穹错（当雄错）同为统一大湖体的重要标志。南部湖区除滨湖南部山势较陡、山体紧逼湖岸外，其余方位为入湖河流形成的三角洲冲积平原和湖积盐碱滩地。

湖区属高原亚寒带羌塘半干旱气候，寒冷干燥，降水稀少，日照充裕，辐射强烈，昼夜温差大，风沙日较多。多年平均气温 0 ~ 2℃，年降水量 200 ~ 250 毫米，降水主要集中在每年的 6 月下旬至 8 月下旬。流域面积 9055 平方千米。湖泊水系较发达，入湖河流主要有达果藏布、卜寨藏布和麦弄曲等。其中，以位于湖区东南部的达果藏布最大，湖区西北部

当惹雍错

的卜寨藏布为第二大入湖河流，麦弄曲源于湖区西部山地，河长 31 千米；其他入湖河流尚有鄂弄、夺玛、者弄曲等，皆源流短小。据 1984 年资料，湖水 pH 值 9.5，矿化度 18.486 克 / 升。为碳酸盐型咸水湖泊。湖滨牧场较肥沃。

羊卓雍错

羊卓雍错是中国西藏自治区南部最大的咸水湖，曾称牙木鲁克湖、牙买加湖、白地湖。位于西藏自治区浪卡子县境内，地理位置为东经 90°21′～91°05′，北纬 28°46′～29°11′。西藏四大雍错之一。羊卓雍错藏语意为上部牧场之碧玉湖。属藏南内流水系。湖盆形态极不规则，视湖面犹如一枝珊瑚，南部水面宽、北部白地一带水面窄，湖岸十分曲折，多湖汊和岬湾，仅有局部岸线挺直湖中丘陵突起，多岛屿。四周为高山围绕，南部普莫雍错高水位时，与羊卓雍错相通；北部干巴拉山是雅鲁藏布江与羊卓雍错的分水岭，湖面高出江面 800 米，两地相距仅 8 千米。建有羊卓雍错水电站。西部为卡惹拉山，有冰川发育。多湖汊、岬湾，湖中还有岛屿多座。湖泊周长 410 千米。湖水深度一般为 20～40 米，湖体北部最深处达 59 米；湖泊容积约 159.5 亿立方米。湖面高程 4441 米时，湖泊长度 74 千米，最大宽度 33 千米，平均宽度 8.6 千米，湖面面积 678 平方千米（含空姆错面积）。羊卓雍错是西藏自治区湖泊中形态最不规则的湖泊。

◆ **地质**

羊卓雍错原是一个大型高原外流湖泊，第四纪高湖面时，它与沉错、巴纠错及空姆错等曾连为一体，湖水通过西侧的墨曲外泄雅鲁藏布江支流然巴雄曲（曼曲）。后因高原气候变干，湖水补给减少，致使湖水位不断下降。当湖面降至出流河道墨曲河床高程时，由于侵蚀基准面下降，造成在亚色（龙沙、龙桑）附近的墨曲河床逐渐被两岸支沟发育的冲积、洪积扇堵塞，原来的外流湖泊遂演变成了内陆湖泊。湖水位下降也使一些较大的入湖河流河口三角洲扇形地发育，从而加速了湖盆内部的阻隔，大湖便逐渐被解体分离成若干个次级湖泊。当然，这种因气候因素而引起的湖面波动，在整个演变期间曾发生过多次内外流水系转化的现象。羊卓雍错最终演变成内陆湖泊的时间在距今 3000～4000 年的晚全新世。从湖滨普遍发育的三级古湖岸砂砾堤，最高的仅高出现湖面约 30 米及湖滨阶地情况看，其下降幅度远低于高原中部及北部的湖泊，亦说明与其长期处于外流状态有关。

◆ **流域地貌**

流域四周高山环绕，地形颇为封闭。南面是喜马拉雅山脉的蒙达岗日诸雪山；西以宁金抗沙雪山分水岭与雅鲁藏布江支流年楚河流域相邻；北距雅鲁藏布江干流仅 8～10 千米，以单薄的干巴拉山相隔；东与哲古错流域之间分布着一片宽广波状起伏的剥蚀低山。周边山地高程均在 5000 米以上，其中蒙达岗日雪山和宁金抗沙雪山的多数山峰均超过 6000 米。流域面积 6100 平方千米内有冰川积雪面积 111.6 平方千米，是湖水重要的补给来源。

◆ **气候**

湖区位于高原温带藏南半干旱气候区。多年平均降水量约 370 毫米，其中 7～8 月占年总量的 60% 左右；多年平均气温为 2.4℃，其中最冷月（1 月）平均气温 -8.1℃，最热月（7 月）平均气温为 10.9℃；多年平均日照为 2928.7 小时；多年平均相对湿度为 44%；多年平均大风等于、大于 8 级的天数为 88 天，其中瞬时最大风速大于 20 米每秒，年平均风速为 2.9 米每秒；多年平均蒸发量为 2074 毫米（20 厘米蒸发皿），多年平均无霜日为 63 天。

◆ 水系

湖水补给以冰雪融水为主。入湖河流主要有 6 条：从西岸汇入的有卡鲁雄曲、浦宗曲；南岸、西南岸汇入的有绒波藏布（卡洞加曲）、香达曲、曲清河；东岸汇入的是嘎马林河。其中绒波藏布和嘎马林河的流域面积大于 1000 平方千米，为羊卓雍错最大的入湖河流。卡鲁雄曲、绒波藏布上源分别有卡惹拉冰川、蒙达岗日冰川和价左冰川群分布，并发育有嘎马错、康布错、抢勇错等大小冰川湖泊，属冰雪融水补给为主的河流，夏季水量较大；嘎马林河和浦宗曲源区冰雪面积较小，是以大气降水补给为主的河流；曲清河与香达曲流域面积较小，源区很少冰雪面积，河川径流不太稳定，年内常出现间歇性断流状况。

◆ 物理化学性质

据 1975～1980 年观察，湖水表层多年平均温度为 7.0℃，其中月平均水温最高值出现在 8 月份（13.2℃），最低值出现在 2 月份（0.6℃）；实测最高水温为 18.8℃（1978 年 7 月 13 日），最低水温为 -0.2℃；湖水每年 11 月开始结冰，次年 3 月消融，冰层最厚达 0.6 米，湖水清澈、湛蓝，透明度 8.7 米。湖水 pH 值 9.2～9.3，

羊卓雍错

矿化度垂直变化在 1.615～1.891 克／升，从表层向下有逐渐增高的趋势，属硫酸钠亚型微咸水湖泊。此外，湖水氨氮、COD 含量低于全国湖泊平均值，大肠菌群和细菌指标很低，水质的其他多项理化指标基本均在全国湖泊背景值范围以内。

玛旁雍错

玛旁雍错是中国湖水透明度最大的内陆淡水湖泊，又称玛法木错，曾称玛垂错。位于西藏自治区普兰县境内，地理位置介于东经 81°22′～81°37′，北纬 30°34′～30°47′。藏语意为不败、胜利。湖面高程 4586 米时，湖长 26 千米，最大宽 21 千米，平均宽 15.9 千米，湖面面积 412 平方千米。湖岸比较规则，湖周长度 83 千米。湖水矿化度 0.406 克／升，属碳酸盐型内陆吞吐淡水湖泊。湖水深度一般 30～60 米，最大水深 81.8 米，平均水深 48 米。湖水碧透清澈，透明度 14 米，为中国最清澈的湖泊。估算湖水贮量约 197.8 亿立方米。

◆ 地质

玛旁雍错地处噶尔藏布－雅鲁藏布江大断裂带内，属断陷构造湖泊。湖盆南北两侧高山耸立。两山区均有现代冰川发育，冰川末端高度在 5500 米左右。湖盆边缘残留有一系列冰碛垄、冰碛丘及古冰斗等冰川地貌。在湖东北及东南部有 5 级湖滨阶地分布。公珠错、玛旁雍错及拉昂错三湖在第四纪高湖面时期均是与噶尔藏布相通的外流湖泊。其中，玛旁雍错与拉昂错昔时北部湖体彼此通连，嗣后湖泊西侧水系被象泉河上源水系袭夺，并因湖泊退缩及冈底斯山山前洪积、冲积物质逐渐堵塞局部河谷而形成分水垭口，致使诸湖逐渐演变成了内陆湖泊。

◆ **地貌**

湖区东部、东北部分别与公珠错、昂拉仁错内陆湖水系相邻，其余方位均紧靠外流水系。其中，南侧隔喜马拉雅山脉纳木那尼峰与马甲藏布相邻；北侧与森格藏布间分水岭是著名的冈底斯山脉冈仁波齐峰；西侧是以缓丘相隔的本流域终点湖泊拉昂错，其与朗钦藏布源头间的分水垭口是平坦的冲积、湖积平原。湖泊出水口以上的流域面积 4560 平方千米。

◆ **气候**

湖区流域属高原温带藏南半干旱气候。湖区平均年降水量约 190 毫米，其中 6～8 月份降水量约占全年的 55%，日最大降水量达 47 毫米，多年平均气温 2℃ 左右；日均气温 5℃ 以上持续时间约 160 天，湖区年日照时数约 3200 小时。

◆ **水系**

属藏南内流水系。湖泊集水区域主要分布在湖的东侧。较大的入湖河流有扎曲藏布、萨摩河、巴青河、足玛弄河、巴穷河等。其中扎曲藏布是最长的河流。萨摩河又称色乌弄巴，由东北岸入湖，亦为主要入湖河流。东北滨湖地区由于地势平坦、低洼，形成了大片沼泽和数以百计的残迹小湖，其中较大的有个洛几错和那亚几错等。巴穷河（河长 21千米）、巴青河（河长 41 千米）进入湖滨地区后，先汇入那亚几错，出流河段在近湖口前又与萨摩河合并入玛旁雍错。1976 年实测合并后的河段宽 27 米，平均水深 1.38 米，最大水深 2 米。由于那亚几错调节，该河段流速平缓，流量变化稳定。足玛弄河（河长 31 千米）大体自北向南流，入湖前流经一较宽的浅水洼地，在河口段因古湖泊砂堤阻挡而偏东南向流入玛旁雍错。实测河口处断面宽为 16.7 米，水深 0.5 米左右，河中心水深超过 1 米。湖区北端齐吾寺（极物寺）附近有一条长约 9 千米的干嘎河（杠嘎河），丰水季节玛旁雍错湖水通过干嘎河排向拉昂错。

◆ **物理化学性质**

湖面每年 12 月下旬开始结冰，翌年 5 月上旬融化，结冰期约 130 天；1976 年 7 月份湖水温度近岸边（水深 0.1 米处）为 2.5 ～ 5.6℃；离岸 80 米（水深 1.5 米处）0.9 ～ 2.8℃，水温比较稳定。如与同步观测的岸边气温变化比较，水温日变化过程的各项特征值出现时间都要比气温滞后 3 ～ 5 小时，湖水垂直温度均呈正温层序分布：表层 16 ～ 20 米，层内沿垂线的水温变化很小，2 ～ 4 米水温变化梯度也较小，最大的仅每米 1.1℃；水深 40 米以下区域，层内温度变化平缓，水温多介于 6.4 ～ 7.2℃。巨大的水体及其夏季贮热量，对湖区的小气候调节作用十分明显，有利于湖区的牧业发展。湖水呈深蓝色，近岸边浅水区域清澈见底。湖中心最大透明度达 14 米。是中国透明度最大的湖泊之一。湖中心表层湖水矿化度为 0.406 克 / 升，pH 值 8.2。若与支流巴青河、巴穷河与萨摩河的汇合后入湖河段河水矿化度 0.109 克 / 升相比，反映湖水亦正在向高矿化转变的过程。

◆ **其他**

湖泊周围多温泉。在洪积平原和山麓洪积扇上，为以沙生针茅为主并混生有羽状针茅、紫花针茅的荒漠草原；湖滨阶地上发育了以华扁穗草、细叶西伯利亚蓼、藏北蒿草、青藏薹草等组成的沼生植被沼泽化草甸。湖区以牧为主，湖中产玛旁雍错尻鱼和裸鲤。玛旁雍错佛教称圣湖。湖滨有 8 座寺庙和 4 个浴门。每到夏秋季节信徒扶老携幼来此朝圣，在圣水里沐浴净身，以延年益寿。

玛旁雍错和冈仁波齐峰

班公错

班公错是中国西藏自治区咸水湖，曾名错木昂拉仁波。位于西藏自治区日土县境内，喀喇昆仑山和阿龙干累山之间，西端伸入克什米尔境内。地理位置为东经 78° 25′ ～ 79° 56′，北纬 33° 26′ ～ 33° 58′。藏语意为明媚而狭长的湖。湖面高程 4241 米，湖泊面积 604 平方千米。其中，中国境内湖泊面积 413 平方千米。湖泊呈长带状，作东西向延伸，东西两端水域开阔，中部为河道型水域。湖泊周长 403 千米，岸线发展系数 4.46。中国境内湖体东西长约 110 千米，南北平均宽约 4 千米，实测最大水深 41.3 米，湖泊周长 285 千米。湖周群山环绕，雪峰巍峨。高山、草原与湖泊交相辉映，构成一幅壮丽雄伟的画卷。

◆ 地质构造演变

湖泊南倚冈底斯山支脉班公山，北屏喀喇昆仑山，坐落在南北两山挟峙的深山槽谷中，是班公错—色林错东西向深大断裂构造谷西段之组成部分。曾是一条外流河，与印度河上源支流协约克河相接。后因气候趋干，两岸巨量的洪积物将其出口处堵塞，遂与协约克河断隔而演变为内陆湖泊。湖泊南北两岸地层不连续，北岸仍保持有清晰的断层崖；同时沿东西向尚有多处呈线性排列的温泉出露，是湖中有大断层通过的重要标志。湖泊水下地形中有明显的深槽存在，东段北岸水深大，湖盆形态不对称等，是构造湖的重要表征。在班公错东端，滨湖见有 9 级古湖岸砂砾堤，其相对高度分别高出现湖面 4.5 米、8 米、12.8 米、14.4 米、18.7 米、30 米、45 米、52 米和约 80 米，是班公错成湖并历经盛期之后逐渐步入萎缩过程的重要佐证。

◆ **组成**

班公错由东、中、西三个湖区组成。①东部湖区。第一浅弯段以东水体，又称昂拉锐错，是全湖水面最宽广的湖区。平均水深约 22 米，超过 40 米水深者有三处，均出现于湖区东北部，湖区面积约 224 平方千米，蓄水量 46.57 亿立方米；湖区东、西南及西北近岸分布有歹嘎勒岛、道喔昌岛、道拉绕岛等，其中道拉绕岛面积最大，枯水时与对岸陆地相连。②中部湖区。第一、第二浅弯段之间的河谷型水域，长约 70 千米，面积 107 平方千米，平均水深约 18 米，蓄水量 19.48 亿立方米；第一浅弯段长约 2 千米，平均宽 0.5 千米，最大水深不足 5 米；第二浅弯段长约 4 千米，局部水域宽仅 100～150 米，最大水深变化于 1～1.5 米，是全湖最浅窄之处。③西部湖区。第二浅弯段以西水域，湖面较为宽广，一般在 5 千米左右，面积 273 平方千米，其中中国境内水面约

82 平方千米。

◆ 气候与水系

班公错流域属高原温带干旱区气候，寒冷干燥，日照充足，降水稀少，大风日较多，蒸发强烈，多年平均气温 0.0 ～ 1.0℃，年降水量 70 ～ 80 毫米，是西藏最干旱的地区之一。流域面积 28714 平方千米。流域面积分布不平衡，大部分面积分布在湖体东段的环湖区，中段及西段较小，入湖河流以分布于东部湖区为主，其中麻嘎藏布、多玛曲两条支流占流域总面积近 50%；中、西部湖区入湖河流除昌隆河较大外，其余较小。冰雪融水是河川径流的主要组成部分，泉水也占有一定比例。流域内平均径流深 30.5 毫米。麻嘎藏布是最大的入湖河流，流域面积 9200 平方千米；多玛曲为第二大入湖河流，流域面积 3000 平方千米；昌隆河为第三大入湖河流，流域面积 1644 平方千米；流域内其他河流皆源短而流小，且多为时令性河流。

◆ 物理化学性质

水质分布具东淡西咸的特点。湖水自东向西流动及第一、第二浅弯段强烈地阻滞湖区之间的水体交换，东部湖区属淡水，中部以及西部湖区属咸水，具有自东往

班公错

西不断咸化的鲜明特点。东部湖区淡水的矿化度 0.147 ～ 0.747 克 / 升，多数测点在 0.6 克 / 升左右；中部湖区矿化度 2.666 ～ 2.762 克 / 升，西

部湖区矿化度 11.02～19.61 克／升。班公错的淡水贮量仍保持 46.57 亿立方米。1976 年 8 月观测资料，全湖水温 7.8～18.4℃。除局部水域外，广大湖体垂线水温均呈正温层分布。东部湖体水深 18～20 米，水温 13～15℃；中部湖体水深 15～16 米，平均水温 14℃ 左右。

扎日南木错

扎日南木错是中国西藏自治区第三大咸水湖，又称塔热错。湖区主要位于阿里地区措勤县，东岸局部属昂仁县和尼玛县。介于东经 85°20′～85°54′，北纬 30°44′～31°05′。内陆终点湖泊。湖近似矩形，作东西向延伸。湖面高程 4613 米，相应湖长 54.3 千米，最大湖宽 26.2 千米，平均宽 18.36 千米，湖面面积 997 平方千米，岸线周长 183 千米。

扎日南木错坐落在冈底斯山北侧大型山间盆地内，湖盆南北两侧为断裂带所控制，属构造断陷湖。沿断裂带分布着相对高程在 500 米以下的平缓低山，并行罗列于湖体两岸；滨湖有多级古湖岸砂堤分布，最高一级高出现湖面 119 米；砂堤间有许多残迹小湖点缀。湖泊形态不规则，南北两岸较窄，东西两岸地势开阔。东岸湖积平原宽达 20 千米，沼泽发育。

湖区属高原亚寒带羌塘半干旱气候，多年平均气温约 -4℃，多年平均降水量 150 毫米左右，主要集中于 7 月下旬至 8 月下旬。流域面积 16430 平方千米。湖水主要仰赖地表径流补给，以从西北岸入湖的措勤藏布最大，主要集水区域位于湖之南部，源于冈底斯山脉北侧的常年冰雪覆盖区；冰雪融水为径流的主要补给源，其他入湖河流尚有扎批桑、达给藏布等，但皆源流短小。

扎日南木错透明度 2.45 米；表层水温 11.3 ～ 11.9℃，底层水温 12 ～ 12.1℃；湖水 pH 值 9.6，矿化度 13.896 克 / 升，属碳酸盐型内陆咸水湖泊。湖底多为细砂砾质，局部为黑色淤泥，沉积物中有介形类化石 2 属 2 种。湖中有裂腹鱼类生息繁衍。滨湖植被发育良好，夏季青藏薹草、紫花针茅株高达 20 ～ 30 厘米，是重要的天然放牧场。滨湖沼泽区有鸥类、鸭类、斑头雁、鹬类以及黑颈鹤、天鹅等珍稀鸟类栖息。

扎日南木错

玛尔盖茶卡

玛尔盖茶卡是内陆盐湖，属构造湖，又称马尔盖茶卡，曾称亦（约）基台错。位于北纬 35° 07′，东经 86° 45′，藏北羌塘高原北部可可西里山的绥加日南麓，发育于龙木错 – 金沙江断裂带内。湖面海拔 4,785 米，长 18.8 千米，平均宽 4.2 千米，面积 80 平方千米，水深 1.35 米，是趋向干枯的浅湖。湖水 pH8.6，矿化度 314 克 / 升，属硫酸钠亚型。盐类沉积物主要为石盐，平坦的湖底全为坚硬的白色石盐结晶体所盖，湖边有数米宽的白色盐晶淀积物，盐矿藏量极为丰富。

本书编著者名单

编著者 （按姓氏笔画排列）

马婷婷	王　倩	毛广雄	毛汉英
文云朝	艾南山	古格·其美多吉	
冯九璋	吕银春	朱华晟	刘　伉
刘建忠	刘峰贵	羊向东	汤祥明
孙　盼	苏世荣	杜碧兰	杜德斌
李　睿	李子君	李勋贵	李慧赟
杨利普	杨　晓	杨勤业	吴　浙
吴关琦	吴沛丽	吴挺峰	吴敬禄
吴超凡	佟宝全	张　健	张玉柱
张育媛	张重阳	张振克	张梦涵
陈　嵘	陈仕涛	邵克强	苟俊华
林英华	罗　静	岳　健	金凤君
郑英杰	赵兴有	南　颖	高锡珍
唐承丽	桑广书	梅再美	第宝锋
蒋长瑜	韩忠南	韩俊丽	董百丽
焦震衡	舒晓波	曾　刚	裘新生
臧淑英	鲜　果		